U0171232

家庭理财

不懂理财，怎么过好日子

寅慜 编

中国华侨出版社
北京

图书在版编目（CIP）数据

家庭理财：不懂理财，怎么过好日子 / 寅憨编.—北京：中国华侨出版社, 2022.1（2023.1重印）

ISBN 978-7-5113-8406-5

Ⅰ. ①家… Ⅱ. ①寅… Ⅲ. ①家庭管理—财务管理—基本知识 Ⅳ. ①TS976.15

中国版本图书馆CIP数据核字（2020）第226692号

家庭理财：不懂理财，怎么过好日子

编　　者： 寅　憨
责任编辑： 江　冰　桑梦娟
封面设计： 阳春白雪
文字编辑： 单团结
美术编辑： 宇　枫
经　　销： 新华书店
开　　本： 880毫米×1230毫米　1/32　印张：11　字数：224千字
印　　刷： 唐山楠萍印务有限公司
版　　次： 2022年1月第1版
印　　次： 2023年1月第2次印刷
书　　号： ISBN 978-7-5113-8406-5
定　　价： 42.00 元

中国华侨出版社　北京市朝阳区西坝河东里77号楼底商5号　邮编：100028
发 行 部：（010）64443051　传　真：（010）64439708
网　　址：www.oveaschin.com　E-mail：oveaschin@sina.com

前言

preface

世界瞬息万变，不理财就等于财富缩水。

国际上一项调查表明，几乎 100% 的家庭在没有自己的投资规划的情况下，损失的家庭财产为 20% ~100%。因此，经营自己的家庭，如果不具备一定的理财知识，财产损失就是不可避免的。

合理地安排家庭财务是一件非常重要的事，也是一个成熟的家庭必备的生活组成部分。每一个人、每一个家庭都应该更多地了解家庭理财方面的知识，掌握理财技巧，全面做好家庭理财，最大限度地规避理财的风险。

其实，家庭理财并不困难，困难的是下定决心后的持之以恒。如果你永远也不学习理财，家庭终将面临财务窘境。只有先行动起来，理财增值才会变为可能。从现在开始，早一天理财，早一天受益。

《家庭理财：不懂理财，怎么过好日子》以家庭理财为中心，针对中国普通家庭的收支状况和消费习惯，融合了国内外全新的理财观念，通过透彻精辟的分析，配以大量身边常见的理财案例，用通俗易懂的语言向读者介绍市场上流行的理财方法和理财产品，同时也深刻揭露了花样繁多的破财陷阱。全书分为“正确认识家庭理财，成功理财并不遥远”“用好理财方法，实现家庭财富增值”“做好理财规划，提高家庭生活质量”三部分，旨在帮大家建立家庭理财意识、掌握理财方法、提高理财能力、发挥理财潜能，让家庭财富快速、稳健地升值。

每天劳碌奔波的你，是否输在了柴米油盐的第一起跑线上呢？如果说，投资家的主要任务是积累财富，那么，真正的家庭理财应该不断地积累幸福感。如果你想从现在开始学会理财，不妨翻翻《家庭理财：不懂理财，怎么过好日子》，它能让你比其他人拥有更多“投资幸福”的本钱，让你的家庭赢在走向幸福的起跑线上。

目录

CONTENTS

第一章

正确认识家庭理财，成功理财并不遥远

第一节　家庭理财那些事儿

什么是家庭理财

其实所谓的家庭理财从概念上讲，就是要学会有效地、合理地处理和运用钱财，能够让自己的花费发挥其最大的效用，以达到可以最大限度地满足我们日常生活需要的目的。

从广义的角度来看，合理的家庭理财同样能够节省社会资源，提高社会福利，促进社会的稳定发展。而从技术的角度来看，家庭理财其实也就是利用开源节流的原则，增加收入，节省支出，用一个最最合理的方式从而达到一个家庭所希望达到的经济目标。通常来说这样的目标小到增添家电设备，外出旅游；大到买车、购房、储备子女的教育经费，直到安排退休后的晚年生活等。就家庭理财规划的整体来看，它可以包含三个层面的内容：一是设定家庭理财目标；二是掌握现时收支及资产债务状况；三是利用投资渠道来增加家庭的财富。

事实上家庭投资理财的根本目的也就是家庭财产保值增值，或者叫作家庭财富最大化。更进一步来说，追求财富，也同样是追求成功，追求自己人生目标的自我实现。因此，我们所提倡的科学理财，正是要善用钱财，使家庭财务状况处于一个最佳的状态，满足各个层次的需求，从而也就能拥有一个丰富的人生。从这个意义上看，我们每一个人都需要理财。专业一点来说，家庭理财实际上就是确定阶段性的生活及投资目标,然后再审视自己的资产分配状况及承受能力。可以依照专家的建议或是自己的学习，适当地调整资产配置与投资结构，使自己可以及时了解资产状况及相关信息，从而通过有效控制风险,最终实现家庭资产收益的最大化。

通常而言，一个完备的家庭理财计划应该包括以下八个方面：

1. 职业计划。选择职业——首当其冲就是正确评价自己的性格、能力、爱好及人生观。然后就要收集大量有关的工作机会、招聘条件等信息，最终要确定自己的工作目标及实现这个目标的计划。

2. 消费和储蓄计划。你必须要决定在你一年的收入当中多少用于目前的消费，而多少又用在了储蓄方面。与此计划有关的任务其实就是编制资产负债表、年度收支表和预算表。

3. 债务计划。我们对债务一定要加以管理，使其控制在一个非常适当的水平上面，同时债务成本要尽可能地降低。

4. 保险计划。随着你事业的蒸蒸日上，你将会拥有越来越多的固定资产，你同时也就需要财产保险和个人信用保险。而为了你的子女在你离开后依旧能够过上幸福的生活，那么你就需要人寿保险。更重要的是，为了应付疾病及其他的意外伤害，你还需要医疗保险，因为住院医疗费用也是有可能将你的积蓄一扫而光的。

5. 投资计划。当我们的储蓄一天天增加的时候，其实最迫切的也就是寻找一种投资组合，可以把收益性、安全性和流动性三者兼得。

6. 退休计划。退休计划往往主要包括退休后的消费和其他需求及怎样在自己不工作的情况下满足这些需求。光靠社会养老保险是远远不够的，必须在自己有工作能力的时候为自己积累一笔退休基金作为补充。

7. 遗产计划。事实上，遗产计划的主要目的其实也就是使人们在将财产留给继承人时缴税最低，主要内容是一份适当的遗嘱及一整套避税措施，譬如提前将一部分财产作为礼物赠予继承人。

8. 所得税计划。个人所得税是政府对个人成功的分享，通常在合法的基础上，你完全能够通过调整自己的行为最终达到合法避税的效果。

家庭理财一记二看三预算

事实上，在现实生活当中，每个家庭都会自觉或不自觉地做一些家庭开支的计划，比如说，下月将增添一些什么东西，这也就是家庭开支计划中的一部分。如果你要使这个开支计划切实可行，就必须要了解家庭每月的固定收入及日常生活支出的情况。其实这些只要通过记一段时间的家庭账就能够掌握其规律，使你的日常生活条理化，保持家庭的勤俭节约。

依据社会学专家们长期的调查。我们可以发现经济纠纷是家庭破裂的重要原因之一。尤其是成员较多的大家庭，一般在日常生活的开支，就需要家庭主要的成员共同来负担，齐抓共管。如果时间长了，不记家庭账，就难免会互相猜疑。假如在家庭中，有一本流水账，成员当中谁负担了多少，一目了然，谁也没有任何话可说。

假如是专业户、个体户还能够从自己家庭账簿中，获取一些有用的经济信息，比如，掌握了人们对什么商品最需要，养殖什么最赚钱，也就能及时改变经营方针，提高经营的技巧。

家庭账簿同时还起到备忘的作用。亲朋好友借债或馈赠这类事情，因一般不写字据，时间稍长了也就难免会遗忘，所以说记家庭流水账，就能做到有账可查，自己心中有数。

假如说记账是理财的第一步，那么记账的首要工作也集中在凭证单据上，平常消费也应当养成索取发票的习惯。平日在你自己所收集的发票上面，清楚地记下消费时间、金额、品名等项目，假如没有标识品名的单据最好先要马上加注。

除此之外，银行扣缴单据、借贷收据、捐款、刷卡签单及存、提款单据等，都要做保存，最好摆放到固定的地点。等到凭证收集全之后，你就可以按照消费性质分成衣、食、住、行、乐、育六大类，每一个项目按日期的顺序排列，以方便以后的统计。

那么，你自己作为一家主持人，应该如何记家庭流水账呢？

这里有三个方法可以供你参考：

第一，一定要真实忠实地记录下自己的每一笔收入和支出，就算是几分钱的账，也绝不能认为家庭账只是记给自己看的，小数目你就可以忽略，时间长了也就是一笔大数目了。记账只是起步，是为了能够更好地做好预算。因为家庭收入基本固定，所以家庭预算主要就是做好支出的预算。支出预算又可以分为可控制预算和不可控制预算，如房租、公用事业费用、房贷利息这些都是不可控制的预算。每个月的家用、交际、交通等一系列的费用都是可控的，要善于对这些支出好好地筹划，合理、合算地花钱，使得每个月能够用于投资的节余稳定在同一水平上面，这样才可以更快捷高效地实现理财目标。

通常来讲，资金的去处分成两个部分，一个是经常性方面，这其中包含了日常生活的花费，记为费用项目。而另一种则是资本性的，记为资产项目，资产提供未来长期性服务。如花钱买一台冰箱，现金与冰箱同属于你的资产项目，一减一增，假如冰箱寿命五年，它也就将为你提供中长期服务；如果购买房产,同样能够为你带来生活上的舒适与长期服务。

事实上，经常性花费的资金来源，应当短期能够运用资金支付，如吃东西、购买衣物的花费要以手边现有的资金支付，如果用来购买房屋、汽车的首期款，就要运用长期资金。

一般来说，消费性的支出是用金钱换得的东西，所以很快就会被消耗。而资本性的支出只是资产形式的转换，倘若投资股票，尽管存款减少但是股票资产增加。

一记：一定要坚持做到天天记，最好养成这种良好的习惯，在每天临睡之前把当天的账务都整理清楚，防止时间长了而误记，造成最后账实不符。还应当注意保管账簿，你可以按年份装订起来，以便自己进一步地保管。这样一来，就能够以备查用。

二看：也就是说看用钱是不是符合情理。这就如同企业的财务大检查，要把每一笔数据的来龙去脉逐一地搞清楚，用 2/3 的收入管好柴米油盐，如果有盈余就可以给儿女购买一些玩具、书籍，为自己的双亲添衣物等。其余的 1/3 作为活期储蓄，以备造房购材料的需要。可是在实际支出中，常常会有节外生枝的事情发生，如婚丧喜事、生病等，所以也总会有超支的现象出现。于是，当我们面对这种新情况的时候，就不得不动用部分储蓄了。但这属于是家庭“贷款”，下月若有盈余必须及时地还“贷”。

三预算：即在本月收支平衡的前提之下，计划下月的资金运用，这也就好比企业的成本核算，这其实是相当重要的。唯有运筹帷幄，是亏是盈做到心中事先有底，到时候使用起来，也就可以笃定了。

而事实也证明了，算了用与用了算显然是大相径庭的，用了再来算通常是要超支，破坏平衡，只有算了再用，才可以起到合理地安排、收支平衡及统筹兼顾的作用。

家庭理财最困难的事情是什么

当你作出理财这个决定的时候，也就是你迈出开始理财的第一步。假如你下定了决心，其余的事情相对来说实际上也都是小事情了。其实任何事情做决定都是非常困难的。

在当今这个世界上，谁最关注你的财富？而谁又最关注你的家庭？是你自己！事实上任何理财活动都是需要你自己去决策的。就算是你找到了一个真正的理财专家帮你，他也只会做出建议，最终的决策还得靠你自己。更何况理财专家最关注的也只是他自己的财富而已！因此要想达到理财目标，你就必须自己参与理财活动。好了，假如你已经下定决心开始理财，那么最困难的一步你已经走过，接下来就说一说家庭消费理财其他需要注意的几点吧。

1. 现有资产的“折中”

折中是指优化各种资源配置，使得分散的、单薄的财富聚敛到某一个最佳的组合载体，从而发挥出最好的经济效益和社会效益。事实上所谓的现有资产的“折中”指的就是对现有的资产进行优化配置，使其发挥更大的作用。

2. 年龄“折中”

在我们人生的不同阶段应当选择不同的理财方式，因为人在不同的年龄段，其收入、家庭负担、社会责任及心理的承受能力是不同的。比如，那些刚刚步入工作行列的年轻人他们就没有太多的负担，所以就可以把大多数资金投资在高风险高回报率的项目上，就算是投资失败了，也还是会有东山再起的那天的。在成家之后由于投资成败会影响家庭生活，甚至会导致整个家庭陷入贫困的境地。因此，最好是能够有计划地在股票、储蓄、国债上搞个组合，这样既能够分散风险，也不至于影响家庭生活。等到进入中年之后，也应该及时地加入社会保险体系，为颐养天年做相应的准备。同时在别的投资领域，宁可少获利，也一定要降低风险。但是上了年纪的人因为收入单一，心理承受能力减弱，因此就不要选择风险性过高的投资方式，要学会适当地选用储蓄和国债才是明智之举。

3. 风险“折中”

我们可以从家庭投资理财角度来看，如果你要投资，就必须冒风险，因此你还是应该注重资产的结构优化组合，可以主要采取分散投资资金的方法，其实正是我们经常讲的“不把全部鸡蛋放在同一个篮子里”，尽可能地将投资风险分散在几个不同的投资上，以便互补。

最适合普通家庭闲余资金投资的比例就是：40% 用来银行储蓄；30% 的资金用来买债券；10% 的资金买股票；10% 的资金买保险；10% 的资金用于其他投资。

4. 消费要有度

（1）控制个人债务。要清楚你自己的偿还能力，清楚各种各样的风险对财务的影响。通常而言，个人负债额占个人总资产的比例要小于 50%。

（2）要避免自己过度消费。要尽量保持理性的消费，要学会控制过度消费的发生，以长远的眼光来看的话，个人消费的上限是不能超过个人收入的。

（3）要学会谨慎使用信用卡。“羊毛出在羊身上”，事实上信用卡透支消费花的也同样是自己的钱，是在增加自己的负债。而信用卡透支作为短期负债对于自己的财务不会产生过大的影响，可是假如作为长期负债则得不偿失，由于信用卡透支的免息期只有50天左右，如果过了免息期银行就会收取利息，而且利息比一般的银行贷款要高不少，因此在刷卡之前要慎重考虑你自己的还款能力。

（4）学会控制贷款投资的风险。事实上，贷款投资是需要付出代价的，也就是说付出利息。为了弥补贷款的利息，投资者就一定要去考虑选择回报率较高的行业。但收益越高的投资，风险也就会越高，这其实也就加大了投资的风险。目前我们一定要特别注意的是对不动产的投资，比如说房产，不动产变现的能力较差，假如贷款到期而不动产又不能变现，这样就会陷入不必要的财务危机。

（5）规避风险。在投资的时候你还可以适当地去购买一些保险转嫁风险。比如说，意外伤险、家财险、重大疾病险，这些都应该是家庭必不可少的保险。假如你的经济条件允许的话，建议去购买充足的适合险种，来保障家人的生命财产安全。

家庭理财计划须知

经济纠纷是家庭破裂的重要原因之一，特别是家庭成员较多的情况下，日常生活的开支需要家庭主要成员共同负担，如果长期不记账，难免会引起互相猜疑。而如果家庭中准备一本流水账，家庭成员的花销一目了然，谁也不会瞎猜疑。

而且家庭账本还能起到一个备忘录的作用。比如，亲戚朋友借钱或者欠债等情况，时间一久难免会忘记，适时记录下来就能防止忘记。

如果是专业户、个体户，还能从家庭账簿中获取有用的经济信息，如掌握了商品的供求，养殖什么最赚钱，从而及时改变经营方针，提高经营技巧。

（1）记账是理财的第一步。记账是为了保证用钱的合理，在本月收支平衡的前提下，计划下月的资金运用，是相当重要的。只有运筹帷幄，是亏是盈才能心中有底，才能起到合理安排，收支平衡。

（2）每个家庭都在进行着自觉或者不自觉的理财计划，

如各种家庭开支、家里要添什么大件都是家庭理财计划的一部分。要想更好地理财，使家庭开支计划切实可行，就必须了解家庭每月的固定收入及日常生活支出情况。这些只要通过记一段时间的家庭账就可以掌握其规律，使日常生活条理化，并保持勤俭节约。

（3）集中凭证单据是记账的首要工作，在平常的消费中应养成索取发票的习惯。在收集的发票上，要清楚记下消费时间、金额、品名等项目，如没有标识品名的单据最好马上加注。

此外，银行扣缴单据、捐款、借贷收据、刷卡签单及存、提款单据等，都要保存下来，最好放在一个固定的地方，方便取阅。凭证收集全后，可以按消费性质分类，每一项目按日期顺序排列，以方便日后的统计。

（4）在记账时，一定要客观真实，记录下每一笔收入和支出。不要觉得钱数较少就可以忽略不计，积少成多，如果一次不计、两次不计，就会积累出一大笔不明花销。

（5）在记账时要弄清楚两方面的内容，一是钱从哪里来，二是钱往哪里去，只有清楚记录金钱的来源和去处，才能方便日后的查询工作。一般人采用的记账方式是用流水账的方式记录，按照时间、花费、项目逐一登记，但是要想更加清晰地记录每一笔消费，最好要记录采取何种付款方式，如刷卡、付现或是借贷。

资金的去处分成两部分，一是经常性方面，包含日常生活的花费，记为费用项目，另一种是资本性的，记为资产项目，资产提供未来长期性服务，例如，花钱买一台洗衣机，现金与洗衣机同属资产项目，一减一增，如果洗衣机寿命6年，它将提供中长期服务；若购买房产，也会同样带来生活上的舒适与长期服务。

经常性花费的资金来源，应以短期可运用资金支付，如用餐、衣物的花费应以手边现有资金支付，若用来购买房屋、汽车的首期款，则运用长期资金来支付。

消费性支出是用金钱换得的东西，很快会被消耗，而资本性的支出只是资产形式的转换，如投资股票，虽然存款减少但股票资产增加。

（6）记账最重要的是要坚持，不能三天打鱼，两天晒网，只有做到天天记，每天把当天的账务整理清楚，才能养成一个良好的习惯，防止时间长了忘记或者记错，造成账实不符。

（7）一定要注意保管账簿，可以按年份装订起来，以便进一步保管，方便查用，否则自己辛辛苦苦记的账就付诸东流了。

（8）记账是为了更好地做好预算。在家庭收入基本固定的情况下，家庭预算要做好支出预算。支出预算又分为可控制预算和不可控制预算，诸如房租、公用事业费用、房贷利息等都是不可控制预算。每月的家用、交际、交通等费用则是可控的，要对这些支出好好筹划，合理、合算地花钱，使每月可用于投资的节余稳定在同一水平，从而达到快捷高效地实现理财目标。

（9）除了记账和预算，家庭理财最重要的一个方面就是累积，最常见的累积手法是存钱。只有养成良好的储蓄习惯，零存整取、定时定量，有规律地积累财富，才能积少成多，有“财”可理。

（10）存钱只是最原始的财富积累，当你经过一段时期的积累，就可以开始考虑通过其他的投资手段来实现财富的增值了。除了收益率偏低的银行储蓄，目前常见的渠道还有国库券、货币基金、股票、房地产等方式。

家庭理财的必要性

从前，有这样一位富翁，他惜财如命，从来不舍得花一两银子，虽然他有万贯家财，却从来不想着去使用这些金银。年老的时候，他将自己辛辛苦苦置办的家业兑换成了一麻袋金子放在自己的床头，每天睡觉时，他都要看看这些黄金，摸摸这些财富。

但是有一天，这位富翁忽然开始担心这袋黄金会被歹徒偷走，于是他跑到森林里，在一块大石头底下挖了一个大洞，把这麻袋黄金埋在洞里面。这下，富翁感觉轻松了很多，也不担心自己的金子会被歹徒偷走了。平时，他总是隔三岔五地来到森林里看看黄金，只要能看到这些黄金，他心里就会感到无比的幸福。

然而，好景不长，富翁频频进森林的举动引起了一个歹徒的注意，当这名歹徒发现富翁的这个秘密后，就尾随他找到了这麻袋黄金，并在第二天一大早就把这袋黄金给偷走了。富翁发现自己埋藏已久的黄金被人偷走之后，非常伤心，郁郁寡欢，不久就命丧黄泉了。

这个故事告诉我们一个很浅显的道理，那就是财富如果不能为我们所用，那就和没有财富是一样的。因此，理财就是要教我们如何用钱、如何花钱、如何让钱生出更多的钱，而不是单纯教我们如何省钱、如何存钱的。

从广义上讲，理财是一项涉及职业生涯规划、家庭生活和消费的安排、金融投资、房地产投资、实业投资、保险规划、税务规划、资产安排和配置及资金的流动性安排、债务控制、财产公证、遗产分配等方面综合规划和安排的过程。它不是一个简单地找到发财门路的过程，更不是一项能够作出决策的投资方案，而是一种规划、一个系统、一段与自己生命周期同样漫长的经历。在理财规划中，人们不仅要考虑财富的积累，还要考虑财富的保障和分配。可以说，理财的全部归根结底就是增加和保障财富。

家庭理财是理财学中的一个极其重要的分支，它的推广及运用为现代家庭带来了很多方便。俗话说："吃不穷，穿不穷，不会算计一生穷。"家庭收支要算计，"钱生钱"也要会算计。而这种算计，就是我们平时所说的理财。人的一生，总是会遇到一些生老病死、衣食住行方面的问题，而这些问题的解决都离不开钱，因此，家庭理财是我们每一个人都应该掌握的一门功课，它并不局限于家庭收入的多少。

古人言：金银财宝，生不带来，死不带去。因此，我们应该在自己的有生之年好好对金钱进行合理的规划，让这些财富取之有道、用之有道，为自己和家人的生活增添乐趣和幸福，让这些财富能够充分为我们所用。

然而，就目前的经济状况来看，我国还属于发展中国家，经济收入还处于中低档水准，这就意味着中国绝大部分的家庭还是处于中低收入水平，家庭财务状况还不是很理想，意味着中国的家庭更需要一种经济实用，能让财富发挥出最大效益的财务规划手段，也就是家庭理财学。具体来说，家庭理财学在现阶段家庭理财中具有以下五种最重要的优势：

第一，家庭理财能够分散投资，规避风险。

众所周知，每一种投资都会伴随着风险应运而生，但我们所要做的，就是巧妙地将投资风险的概率降至最低，使之不足以影响我们的生活质量。在家庭理财中，我们应该遵循这样一种投资规则："不要把全部的鸡蛋放在一个篮子里。"也就是说，家庭理财，我们要分散投资，规避风险。因为好的理财活动不仅要能规避风险，还应该收到增加收益的效果，这样就需要我们对家庭财产进行合理的配置，规划出一套最实用的投资理财结构。那么，究竟怎样的一种投资结构才是最合理、最能规避风险的呢？怎样才能最大限度地进行资产合理化优化组合呢？一般来讲，最大众的投资搭配方式应该是：在家庭总收入中，消费占45%，储蓄占30%，保险占10%，股票债券等占10%，其他占5%，这样的投资搭配结构既能保证我们的生活水准不降低，又能规避风险，还能适当增加收入，是一种较为稳妥的投资理财结构。

第二，家庭理财能够聚沙成塔，积累财富。

家庭财富的增加取决于两个方面，一方面要“开源”，即通过各种各样的投资和经营活动增加自己的财政收入，另一方面要“节流”，即通过合理规划财富，减少不必要的开支。家庭理财的一个至关重要的作用就是能够帮助我们将多余的财富进行合理规划，让“小钱”积累成“大钱”。很多人认为生活中的一些细微开支不需要算得那么清楚，但是，长久下去，这将成为家庭中的一个沙漏，总是在不经意中将家庭财富毁灭于无形之中。因此，必须用理财这个工具将这个沙漏彻底堵住，不该花的钱一分也不能花。只要我们养成合理规划消费的习惯，慢慢地，我们就会发现，那些看似不起眼的小钱一样能成为家庭财富中一笔可观的收入。

第三，家庭理财可以防患于未然。

人的一生不可能永远一帆风顺，虽然我们并不希望遭到一些不测，但是命运不会一直按照我们想要的为我们安排，生活中还是会有一些意想不到的事情让我们烦恼，甚至陷入窘境。因此，我们必须在平时注重家庭理财，对一些突发事件做到未雨绸缪，防患于未然。合理的家庭理财不仅能够增加一些家庭收入，还能让我们在遭遇突发事件时应对自如，不至于手忙脚乱。购买保险、注重储蓄……这些平时对我们生活并不会造成很大影响的投资方式将会在特定情况下发挥不可估量的作用，为我们雪中送炭。

第四，家庭理财能够稳妥养老，安度晚年。

人总会有年老体弱的一天，人总会有干不动的一天，这就需要我们在年轻的时候对自己的晚年生活进行妥善的安排，让我们的晚年过得更舒心。现在，社会上大多数年轻人都是独生子女，让一对夫妇同时赡养四位老人，其压力是很大的。所以，晚年的幸福生活归根结底还是要靠自己。因此，我们年轻的时候一定要做好理财规划，合理稳妥地进行理财，为退休后的晚年生活储备足够的生活保障金，让自己有一个幸福、独立、自尊的晚年生活。

第五，家庭理财能够提高生活质量。

由于对家庭财富进行了合理的规划和安排，家庭成员的生活状况就有了很好的保障。在此基础上，随着理财规划的进一步合理化，家庭的风险抗拒能力将会越来越强。随着家庭收入的不断增多和理财规划的不断合理化，家庭的奋斗目标也将会一步步实现。从租房子到自己买房子，从坐公交车到自己买车，从解决温饱到能够自主旅游……奋斗目标一步步实现的同时，也让家庭成员的生活质量得到了很大的提高，这一切都离不开理财。

理财是家庭全部成员的事

不管你现在处于人生的哪个阶段，总有一天都会结婚生子，都会建立属于自己的家庭。组成家庭之后，不管夫妻两人是否都出去工作挣钱，理财都不再是自己的事情。

如果你在外面拼命挣钱，而你的孩子却没有消费观念，刷出一大笔信用卡债务，那么你再懂得理财也无济于事；如果你觉得自己收入不错，但你的父母却没有给自己制订养老计划，或者已经花完了退休金，无法积累积蓄，那么你将不会有节余，赡养父母也应该是理财计划的一部分；如果你计划要攒钱投资，但你的妻子不了解你的想法，把你的积累挥霍一空，那么你又该怎么办呢?

要避免这样的情形发生，最好的办法就是未雨绸缪，防患于未然，让全家人都参与到理财计划中，通过各种风险控管机制来确保家庭财产的稳定性和支出的可控性。

所以，对于“上有高堂、下有妻儿”的家庭，理财将是三代人共同的事情。我们应该用正确的态度来对待理财。

1. 夫妻之间要建立对财产的共识，设定双方都认同的理财计划

夫妻两个人在组成家庭之前，有着不同的成长环境、不同的思维方式、不同的价值观念，走到一起之后，对于财产的支配方式也会有不同的见解。很多夫妻都会因为财产问题而产生矛盾，有的甚至走上离婚的道路。

所以，夫妻两人应该本着相互尊重的原则，在讨论处理家庭财务方式的时候，千万不要回避，而是应该相互商量、相互理解，建立一个互相认可的支出和储蓄计划。

首先，双方要弄清楚家庭的财产状况，包括资产总值、负债状况、收入和支出计划等，双方都要信任对方，不可相互猜忌，更不可互相隐瞒。然后两人要共同分析家庭消费模式，评审家庭的整个财务状况。

其次，夫妻两人要确定家庭的共同财务目标，并为每个目标附上相应的成本。这个目标必须要结合实际，明确、可行。

再次，要建立家庭财务计划和预算，根据自己家庭的实际情况和收支情况，确定适宜的消费和预算，争取做到不超支。

另外，要执行科学合理的理财计划，既不能盲目消费、挥霍无度，又不可一味地节省，不能保障基本生活水平。而是要结合自己的实际，灵活应对。

最后，要定期检查计划执行的情况，不断调整理财计划。

2. 加强孩子的理财教育，让孩子明白金钱的价值和意义

要让孩子提早接受财富观念和理财教育，让他们明白，金钱不是从天上掉下来的，也不是取款机里随随便便吐出来的，而是父母通过辛勤工作挣来的。让孩子了解金钱是教他们理财的第一步。

然后，可以试着让孩子切身体会钱的来之不易，如可以让他们通过做家务来换取零用钱。

总之，要让孩子明白，钱虽然好，但它是需要努力才能得到的，要让他们了解父母的辛苦，并通过分担家务、控制购物欲望、努力学习等行动来报答父母。

3. 要开诚布公，与长辈讨论财务问题

父母把你养大成人，但是你清楚父母的财务状况吗？你了解他们需要多少钱吗？如果父母出现疾病或者意外，你有能力为他们分忧解难吗？

很多人都不习惯和父母讨论他们的财务状况，甚至会避讳这一点。其实，只要是本着关心父母的角度出发，和父母聊一聊理财和养老的问题并没有什么不好。

但是，在和父母提起时，一定要委婉，尊重父母的独立性，可以通过给父母一定金额的养老费引出这个话题。

毕竟父母年纪大了，需要安享晚年，你不妨和他们谈谈退休之后的打算，问问他们喜欢什么样的养老方式，是否有足够的保险支付长期医疗护理费用等。

在这些话题的基础上，可以开诚布公地延续讨论其他敏感的话题，可能这样父母就比较容易接受些，比如，生活不能自理时的对策、当另一半先行离去时怎么调整自己、他们想如何处置他们的财产甚至对临终后的安排有何想法等。

当然，如果父母愿意主动提起，那当然最好，但如果父母不愿意触及这类话题，就不要强说，更不要逼问他们到底

拥有多少资产，是否预先草拟好遗嘱，等等。

第二节　不同家庭的理财计划

高收入家庭的理财计划

许多人提起理财自然就会想起储蓄及投资，几乎所有的银行、其他各类金融机构的理财中心，理财讲座的理财专家和教授所教导的所谓理财知识都只是讲述如何储蓄、如何投资，设计出好几种储蓄的方式及投资组合，似乎只要按部就班，就能取得理想的收益，仿佛是教人致富之术，实际上却是误导投资者错误理解理财的含义。因此，我们要明确以下几点：

1. 确立经济目标

确立经济目标就是要弄清楚自己企盼的是什么，是房子、汽车，还是子女教育；是老有所养，还是周游世界；或者所有这些。不管你认为有没有可能做到，都不妨整理出一张清单，越详细越好。一个人或一个家庭的经济目标，必须用笔写下来，不能装在脑子里。

模糊的愿望要经过考虑，使之明朗化，依此制订财务计划，成为行动的目标。

大多数人有三种目标：最低目标、中等目标、最高目标。比如，最低目标可能是基本生活有保障，能负担子女的教育经费，老有所养；中等目标可能是有自己的住宅，过舒适的生活，出国度假旅行；最高目标可能是积累足够的财富，彻底摆脱经济忧虑。切记，制订财务计划的首要目的，是为自己的一家提供基本经济保障。一家之主应常常问自己：

万一自己遭到意外，一家人生计如何？万一自己丧失工作能力，又怎样维持生活，即使有了储蓄保险，配偶也有工作，可能还会入不敷出，那该怎么办？

2. 建立家庭资产负债表

为了规划未来，应先了解现状。作为财务策划的起点，必须先建立一张家庭资产负债表，查明自己的财务状况。

应该每年检查一遍资产负债表，要是你的净资产少于你的工资，甚至负债超过资产，若你只有20岁出头刚开始工作，则不必过于担心；但你必须着手减少开支，减少债务，而且最低应该有一年的生活费储存在银行。要是你的净资产相当于你几年的工资，而你还不满40岁的话，则经济状况相当健康。如果你已年过40岁，情况也不错的话，你可以着手为退休做投资了。

专家告诉我们，将夫妻双方的收入相加，然后乘以40%，这是日常开支的最佳比例。

比如，你与丈夫两人的收入相加是3000元，那么40%即1200元就是日常开销数。这笔开支的运用最为重要，特别是一日三餐的伙食费，如何少花钱，而得到全面的美味和营养，应该是你的重心所在，如合理利用大卖场的大减价等促销活动购买大宗日常用品，就能省下不少钱。另外，注意随手关灯，节约用水，积少成多也可大大减少开支，但千万不要忘了给家人一份合理的零用钱，特别是在外面要维护男人形象的丈夫。

3. 正确安全的储蓄方式

一般来说，收入的20%应是储蓄的最好比例，而如何储钱有几种方式。首先，当然是银行，既保险又能产生一定的利息，储蓄可考虑在存人民币的同时，再选择一部分其他币种，以抵御可能有的贬值风险。还有各种保值保险及各类品种的国债也是不错的考虑。如果你觉得这些方式过于保守，股票等投资方式也未尝不可，但你必须具有风险意识和大量的时间与精力。如果这两种你都放弃的话，不妨尝试一下奖券，周期短、奖面大的奖项，说不定会带给你一份惊喜。

4. 防患于未然的备用金

每个家庭都会有不时之需，朋友的婚嫁、父母的生日、突发的疾病等，都会使你一时手窘，这时20%的备用金便成甘露，解了你的燃眉之急。但切记，多余的备用金不必储存，不妨让它变成给家人的一份礼物，让他们欣喜一下。

5. 目光长远的宝宝基金

如果你们是尚未有孩子的新婚夫妇，那么10%的宝宝基金将是你们给未来宝宝的见面礼。一个初生的孩子将会使你措手不及，一笔较大的开支马上会使日常费用透支，这时宝宝基金会助你一臂之力，对于三口之家来说，这笔基金最为重要，它将会是孩子长期教育的稳定基础。

低收入家庭的理财计划

低收入家庭很容易认为“理财”是一种奢侈品，他们大多认为自己收入微薄，无“财”可理。其实这种想法是错误的，只要善于打理，低收入家庭也有可能“聚沙成塔”。

1. 开源节流，积极攒钱

要获取家庭的“第一桶金”，首先要减少固定开支，即在不影响生活的前提下减少浪费，尽量压缩购物、娱乐消费等项目的支出，保证每月能节余一部分钱。以家庭月收入3000元为例，可以将生活费用控制在1200元内，这样家庭节余有近1000元。同时，定时定额或按收入比例将剩余部分存入银行，并养成长期存储的习惯。夫妻俩还可以在能力允许的条件下，搞点副业，增加家庭的收入。而读研的子女更应该明白父母生活的艰辛，用勤工俭学和拿奖学金的方式赚取自己的生活费，以减轻学费负担。

2. 善买保险，提高保障

这个家庭有项亟待解决的问题，就是没有任何保障，风险防范能力低。因此，低收入家庭在理财时更需要考虑是否以购买保险来提高家庭风险防范能力，转移风险，从而达到摆脱困境的目的。在金额上，保险支出以不超过家庭总收入的10%为宜。建议低收入家庭选择纯保障或偏保障型产品，以“健康医疗类”保险为主，以意外险为辅助。对于王先生一家没有更多资金节约的情况下，比较理想的保险计划是购买重大疾病健康险、意外伤害医疗险和住院费用医疗险套餐。

如果实在不打算花钱买保险，建议无论如何也要买份意外险，万一发生不幸，赔付也可以为家庭缓解一下困难。

3. 慎重投资，保本为主

低收入家庭可将剩余部分的资金分成若干份，进行必要的投资理财。目前股票、期货市场的行情风险较大，工薪家庭的风险承受能力较低。投资方面，考虑到王先生目前的经济状况，应该选择风险小、收益稳定的理财产品，如银行存款、货币市场基金、国债都是很好的选择。对于其家庭年净收入具体的配比关系，建议 50% 投资国债，40% 投资货币市场基金，10% 投资银行储蓄，这样既能享受相应的收益，又可滴水成河。

“月光”家庭的理财计划

刚满 26 岁的刘栋精通外语。三年前大学毕业后他曾在不同的单位从事过翻译工作。如今在家自接一些翻译的业务，成为自由的 soho 一族。其实收入水平还算比较稳定，每个月在 4000~5000 元。刚开始是做销售工作的，每个月工资加上各种补贴也就只有 5000 元左右，但是由于来这个单位不久，每个季度 15000 元的奖金还没有拿到过。

现在他和妻子还是住在父母提供的公房里，但是房屋产权在父母的手中，他们也没有房屋款压力，每月只需要缴纳100元左右的物业管理费罢了。每个月衣、食、行的费用基本在1600元左右，水电煤、上网、自付电话费等在500元左右，同时日用品也差不多需要300元，换句话说就是基本生活开销大约在2400元。与此同时，刘栋特别喜欢拍照片又经常必须得冲印出来，还喜欢DVD/VCD碟片等一些小的东西，这些消耗品每个月都必须要花上400元。他们都喜欢买书买报纸，如《国家地理》等精装杂志就是他们的常购对象，每个月还需要花将近500元在这些精神食粮上面。除此之外，不管是冬夏，他们都会每周一起出去游泳一两次，加上来回打的费用大概需要500元。刘栋偶尔会有一些小毛病，每个月医疗费用大约需要100元。还有就是平时给父母买的一些礼品，还有碰上朋友过生日买的一些礼物等，这类费用每月大概在300元左右。总计下来，他们每个月的生活开支就已经超过了4000元。

在年轻的时候，能够有不错的收入是一件值得高兴的事情。但是，好的收入并不代表可以一劳永逸。很多年轻人只管现在潇洒，而不懂得理财，以至于除了工作就没有其他物质保障。如果忽然有一天失业了，或者遇到其他急需用钱的事情，就会突然发现理财的重要性。那么在这个时候，我们就要做好理财，未雨绸缪。“月光族”理财具体有六大妙招：

1. 学会计划经济

要学会对每月的薪水好好地计划，在哪些地方需要支出，哪些地方需要节省，每个月都要做到把工资的 1/3 或者 1/4 固定纳入个人储蓄计划，最好是先办理零存整取。储额尽管只占工资的小部分，但是从长远来看，一年下来就已经有不小的一笔资金。储金不仅能够用来添置一些大件物品如电脑等，还可以作为个人“充电”学习及旅游等支出。除此之外，每月就能给自己做一份“个人财务明细表”，对于大额支出，看看那些超支的部分是不是合理的，若不合理，在下月的支出中可做调整。

2. 要尝试着去投资

其实在消费的同时，也一定要形成良好的投资意识，投资才是增值的最佳途径。我们不妨根据个人的特点及具体的情况做出相应的投资计划，如股票、基金、收藏等。其实这样的资金“分流”能够帮助你克制以前大手大脚的消费习惯。当然要提醒你的是，不妨在开始经验不足的时候进行小额投资，以降低投资的风险。

3. 交友要慎重选择

事实上，你的交际圈在很大的程度上都会影响着你的消费。多交一些平时不乱花钱，有着良好消费习惯的朋友，而不要只是交那些以胡乱消费为时尚，总是以追逐名牌为面子的朋友。他们总是会不顾自己的实际消费能力而盲目地攀比，最终只会导致“财政赤字”，应该根据自己的收入和实际需要进行合理地消费。

而且同朋友交往的时候，记住也不要为了面子而在你的朋友当中一味树立“大方”的形象，比如，在请客吃饭、娱乐活动的时候争着埋单，这样通常会使自己陷入窘迫之中。最好的方式就是大家轮流坐庄，或者实行 AA 制。

4. 自我克制

年轻人大多数都喜欢逛街购物，通常一逛街就会很难控制自己的消费欲望。所以在逛街之前就应该先想好这次主要购买什么和大概的花费，其实现金不要多带，更不要随意用卡消费。一定要让自己做到心中有数，千万不要盲目购物，买那些不实用或暂时用不上的东西，造成闲置。

5. 要练就自己的购物艺术

购物的时候，一定要学会讨价还价，货比三家，同时还要做到尽量以最低的价格买到所需的物品。这其实并非“小气”，而是一种成熟的消费经验。商家换季打折的时候是不错的购物良机，但是你也应该注意一点，应该选购一些大方、比较容易搭配的服装，千万别造成虚置。

6. 尽量少去参与抽奖活动

通常来说有奖促销、彩票、抽奖等活动都非常容易刺激人的侥幸心理，使人产生“赌博”的心态，从而难以控制自己的花钱欲望。

“421”家庭的理财计划

赵先生和太太在两年前就步入红毯，过着甜蜜的二人世界，仿佛自己是世界上最幸福的人，整天无忧无虑。虽然有银行住房贷款 50 万元，但是对于这对新人来说，没有别的大开支，支付房屋的月供不成问题。可是今年赵太太怀孕并生下了千金露露之后，孩子的开销比预想要大，这对新人就开始发愁了。

另外一个让赵先生头疼的事是他的父亲由于年老，身体不比当年，今年住院就花了近 6 万元，尽管有医疗保险可以负担一部分，但是自己还是得承担部分费用。

原来，赵先生和太太均为独生子女，他们家属于典型的“421”家庭。赵先生今年 28 岁，在一家合资企业工作，月工资为税后 8000 元左右。太太今年 25 岁，为一家商业银行的职员，税后月收入 6000 元。他们结婚时贷款在北京市内购买了一套当时价格为 100 万元的住宅，为了尽量节省利息，双方父母都倾囊而出，首付 50 万元，其余 50 万元就只能通过银行贷款。

赵先生和太太都有住房公积金，两人每月分别缴纳 1500 元和 1200 元，住房公积金账户上的余额分别为 5.5 万元和 3 万元。赵先生利用公积金申请贷款，10 年等额本息还款，贷款利率是 4.41%，每月还贷 5160 元。夫妻两人由于工作的时间不长，加上结婚、买房和新房装修的大额支出，家里的积蓄非常少，只有近 5 万元银行活期存款。另外赵先生见老同学炒股都赚了不少钱，于是也在股市上投入了 5 万元，结果到现在还被套着。

赵先生和太太的公司都给上了五险一金，但两人及父母子女均未投保任何商业保险。

平时赵先生喜欢打网球，每个月与朋友往来约需支出500元；赵太太每月美容健身费用为500元；而全家三口的日常开支杂费也较大，平均每个月家庭杂费（含每月的电费、电话费、物业费、上网费等）需1000元，生活食品饮料杂费约1000元，外出就餐约1000元，每年全家服装休闲等开支约5000元，家庭交通费每年大约1万元。此外，由于夫妇俩的父母均不在北京，因此每年要给双方父母赡养费共1万元。小孩一年的开支在1万元左右。

这样的家庭怎样理财才是最合理的呢？

赵先生的家庭属于中等收入家庭，两人讲究生活质量，花销比较大，年节余比率为11%，家庭积累财富的速度不快。投资与净资产的比率偏低，负债比率和流动性比率都还比较适当，但随着赵先生夫妇父母年龄的增加和女儿的长大，家庭负担将会逐渐增加，而女儿露露刚出生不久，不管将来发生什么事情，赵先生和太太都希望她能有足够的生活费和学习费用。此外，赵先生还是个超级车迷，希望能够在近几年内购置一辆属于自己的小轿车。

对“421”年轻家庭来说，面临如此大的财务压力，可不是一件好事。一向不太在乎平时花销的赵先生和太太必须现实起来，尽量在不降低生活品质的前提下节省开支。

现在赵先生和太太已经感觉到收入不够，但是面对日益激烈的竞争，在目前的职位上要想提高工资收入非常困难，在这种情况下，他们应该通过理财开辟其他渠道增加家庭的收入，并对现金等流动资产进行有效管理。

他们的家庭理财方案可以按以下几点进行：

1. 现金规划

赵先生和太太的收入都比较稳定，身边的现金留够一个月开支就行，另外留两个月的开支备用，可以以货币型基金的形式存在。

考虑到赵先生和太太一直都在交纳住房公积金，目前住房公积金账户余额为 8.5 万元，因此赵先生应将此款提取出来，其中 61920 元用于归还下年的住房贷款，剩下部分用于投资。因为赵先生申请的是住房公积金贷款，其贷款利率相对较低，没有必要提前还贷，以后每年年底时赵先生和太太的住房公积金账户都有余额 32400 元，因此每年都可以节省还贷支出 32400 元。

2. 投资规划

赵先生家庭目前的投资与净资产比率偏低，通过前面的规划，家庭增加了保障，可以有更多资金进行投资，而且赵先生和太太都属于风险喜好型的投资者，可以考虑选择风险大、收益较高的投资品种。

由于投资股票风险大，需要时间和精力，不适合工作忙碌且无投资经验的赵先生夫妇,建议将其置换成偏股型基金。

此外，赵先生家每年的结余可以投资于混合型基金，因为这笔钱的主要目的是家庭意外的医疗费用支出或其他的大型支出备用，同时也可以获取较高的投资收益，以后买车时如果这笔资金没有动用，也可部分用作购车款。

3. 消费规划

目前家庭每月的生活食品饮料杂费约 1000 元，外出就餐约 1000 元，这两项开支完全可以压缩为 1000 元，这样每年可以节省 12000 元。夫妇俩的买车计划，建议推迟两年执行，因为通过住房公积金归还贷款将使家庭的还贷支出减少 149800 元，节省的这笔钱经过两年的稳健投资，再加上目前的股票资产在两年后的终值，赵先生就可以轻松买上自己喜欢的车了。

4. 保险规划

赵先生的家庭保障明显不足，这意味着家庭抗意外风险的能力很弱，一旦出现意外开支，将使整个家庭陷入财务危机，甚至危及孩子的成长经费。因此有必要给夫妇俩及孩子补充购买一些商业保险，主要是寿险、重大疾病险和意外险。特别是赵先生在IT领域从业，工作较忙容易造成身体透支，而他又是家庭的经济支柱，因此重疾险和寿险对赵先生来说显得尤其重要，建议购买保额10万元的寿险和保额10万元的重疾险。

露露年龄还小，暂时还没必要投保意外险，主要购买健康险。而赵先生的父母身体不是很好，单位退休福利也不是很好，可以给父母购买一些医疗保险，太太的父母福利较好，应重点考虑意外险和重疾险。

建议赵先生的家庭保费每年支出约为1.7万元，今年的保费由现有的活期存款支付。

5. 子女教育规划

建议每月定投500元于一只成长型基金上，为露露以后的学费作积累。假设成长型基金在未来5年内的平均收益为8%，积少成多，这笔资金在露露读大学的时候就可以达到173019元，足够露露四年的大学费用。

高消费家庭的理财计划

一般众人对高收入家庭的看法，就是惯性认为这种家庭生活条件不错，存款一定很多，根本不用担心理财问题。但是现实情况不然，因为高消费往往与高收入并存。就这部分家庭而言，如果理财做得并不是那么理想，那么他们的资金周转也不会像外人看起来那么轻松。

假设一个家庭月收入 15000 元，年终还会有 20000 元的奖金收入。这样看起来，这个家庭经济条件尚属宽裕，成员生活状况应该较为满意，不存在太大问题。但是我们可以从以下几个方面来分析一下这个家庭的状况。

1. 家庭收入虽然高，但是并不稳定

除了一些年薪较高的高层管理者，收入在万元左右的多是销售类职位。这类职业收入并不稳定，很容易受到市场波动的影响，这就会导致家庭收入没有预期，从而不能确定做出预算，很容易造成家庭预算出现问题往往是这种高收入家庭的一大心病。

2. 高消费导致结余很少

从月收入 15000 元的现状来看，他们的日子可以说是会

过得十分惬意。但是伴随着每个月的生活及房贷的支出之后，这个家庭每月也就仅仅结余1000元左右。这让人颇感惊讶。

这是因为这个家庭平时在吃、穿、行等方面的要求都比较高。出门打的、常常在外吃饭、购物的理念也是越贵越好等。诸如此类的缘由就使得他们的生活开销大大地超出了一般家庭。加之房贷压力，需要月供，每个月下来只有这些结余。

这个家庭目前还存有6万元的活期存款，黄金及收藏品也差不多有5万元。而在负债方面，除了房贷并没有其他债务。这样看起来虽然没有太多结余，但是经济不会出现太大问题。

这种高消费的家庭如果能够增加一些适合他们的投资，就可以很好地从这种结余模式中走出来。

其实在消费的时候应该理智地区分“必要”和“想要”的两种支出。同时基于人生阶段不同，消费也会有所不同。比如，这个家庭的男女主人公，年龄在27岁左右，就算是要留出一半的收入也不为过。基于这样的标准，夫妻两人每月3500元的生活费支出应该算是合理的；而每月省下的2500元，一年之后都可以考虑要一个宝宝了。他们现在有的这笔资金能考虑用来投资，可以把其中的3万元作为家庭的应急资金，同时采用购买货币市场基金的方式增加其固定的收益。然后就可以择机抛售原有房产，明确收益，尽快归还按揭贷款。

随后在投资的配置上，结合这个家庭目前的经济状况，应该以稳妥、安全、流动性较强的投资项目为主：

1. 主要购买股票型基金，货币基金作为辅助

现在的股市以盘整为主，人气不旺。有的时候看似乏善可陈，但事实上内藏良机。一则，股市探底反弹有望。而且下降的空间不算是很大，上升潜能激增，这时便可以择机介入。如果没有时间和精力，以及风险承受能力有限，直接参与股市的可能性不是很大。那倒不如选择购入一些近期推出的股票型基金。因为这个时候基金介入股市，建仓成本较低，升值的可能性也会变得较大。二则，沧海横流，方显英雄本色。同样地，股市不振之时，哪些基金会一泻千里，哪些基金又是屹立不倒，投资者都有了一个可比较的参数。假如以稳妥为主的话，可考虑选购那些表现良好的老基金购买。由于货币型基金以其灵活、增值稳健、保值的特点吸引了投资者的目光。也可以适当购入一些。

2. 购买短期国债

我国目前国债市场也发生了诸多变化，中短期的国债品种也是日渐增多，比如说近年来推出的两年期国债。倘若考虑以储蓄为主的话，不如购入一部分国债。这样一来，一方面利率比定期高，一方面也可以免除利息税。

3. 建议家庭保险

这样的高消费家庭，在当下的年轻家庭中也颇具代表性。对于这样的家庭建议投资一些既有保障功能，同时还兼具储蓄增值功能的险种。比如，可以投保那种双福还本保险 10 万元，这种保险一般都包含终身住院补贴保险 10 万元，而且还附加意外伤害保险 20 万元，意外伤害医疗保险 3000 元及住院费用报销保险两份。

女性时代的理财计划

在 21 世纪的今天，女性们忙着工作、赚钱，没有大把时间可以照顾家庭。但是，无论世事如何变化，自身压力有多大，女性朋友都要学会打点自己，打理家庭财务。

都说女性善持家，可是到了 21 世纪的今天，又有多少女人能真正做到持家有道？女性理财时，要想成为人人羡慕的“巧女子”，要学会利用自己的长处，千万莫成“抠门女”

和“月光女”。

成就“巧女子”有如下窍门：

1.“抠门女”先要打开心结

节俭是一种美德，但节省过了头，就变成了抠门。在现实生活中，有很多女性朋友会一不小心变成“抠门女”。每个月领了工资就存银行，平时省吃俭用，看到贵的不敢买，看到自己喜欢的东西也不舍得花钱，对待家人的态度更是能省则省，基本无什么浪漫、惊喜可言。对于积攒的工资也是以活期、定期为主，有时候也会选购部分国债。年复一年，钱积得多也罢、少也罢，在他人眼中始终是一个普普通通的妇人。

如今，这样省钱过日子的“抠门女”越来越少，而追求“快乐人生”的女性朋友逐渐增多。对于“抠门女”来说，首先要解开心结。据相关分析，过分抠门的女性朋友通常比较悲观，对将来没有信心。实际上，“抠门女”完全可以通过适当的投资理财来减轻对未来“钱”途的忧虑。合理消费是第一步，在储蓄的同时也进行一定的消费，购买一些质优价高的东西，既是对自身的一种投资，也是理财的一个重要环节，无论是一件经典的衣服，还是一款精美的首饰，都会流行多年。而对于年轻的“抠门女”，更重要的是，要学会利用更多的投资品种。

2.“月光女”要学会储蓄

“她经济”时代，女性拥有了更多的收入和更多的机会，越来越多的女性朋友崇尚“工作是为了更好地享受生活”。手持数张信用卡，喜欢疯狂抢购商品，等到发工资后，再开始以信用卡还贷，赚多少，花多少，常常是月光。一年下来，除了家里积累的各类商品越来越多，而储蓄存款却接近零。

在现实生活中，很多年轻的白领都曾经或正在扮演“月光女”的角色，可以月入斗金，也可以月出斗金，崇尚提前消费的生活方式，根本不顾及今后的人生需求。实际上，投资理财应该是贯穿一生的长期规划，年轻的时候，拥有健康的身体和充沛的精力，可以尝试各种各样的生活方式。随着年龄的增长，有没有一份固定且可观的积蓄，大大决定着下半生的生活是否幸福。对于“月光女”来说，应学会把钱花在刀刃上，强迫自己储蓄，银行的零存整取储蓄存款功能、定额定期开放式基金，以及每天计息的货币市场基金，都可以实现“月光女”储蓄的愿望。

3.“糊涂女”可以使用电子银行

女性相比男同胞而言，通常比较细心。然而，在现实生活中，也有很多粗枝大叶的“糊涂女”，对自己银行卡账户的余额永远不清楚。每月收入支出消费情况也糊里糊涂，家里各种账单、密码等琐事更是记不住。通常这类女性做事风风火火，不拘小节，在理财方面也是保持随便的态度。她们手中有一定的积蓄，但没想过如何让这些积蓄“钱生钱”。

对于“糊涂女”，电子银行可以帮大忙。以在线银行为例，“糊涂女”只要成为在线银行的注册客户，一个电话或一次上网，就可以实现账户实时查询、账户明细查询。面对麻烦的公用事业费，也不用再担心错过网点缴付时间，在家利用在线银行就可以简单操作。

对于投资理财，有了电子银行的帮忙，“糊涂女”也可以变成“精明女”，无论是买卖基金，还是投资股票，都可以在线操作。同时，在线银行的历史明细查询，可以帮助“糊涂女”了解历史记录。

4.“超钱女”还有潜力可挖

擅长投资理财的女性也比比皆是，对于每月的收入能合理支配使用，经历 2~3 年的初期资金积累，开始投资各类理财产品，不在乎赚钱多少。关键是这些“超钱女”都早早地具备了投资理财的意识，一旦外部条件成熟，她们就可以发挥自己的特长。

“超钱女”在资金积累的初期，一般会选择将储蓄及合理消费作为投资理财的目标。资金积累达到其心理目标后，“超钱女”的理财目标则是五花八门的投资品种，她们会购买基金，也会购买国债，胆大的还会投资股票，甚至炒房。在经历每次成功或失败的投资后，“超钱女”会不断调整自己的投资策略，找到最适合自己的理财组合方案。当“超钱女”步入中年后，此类女性的投资理财更趋成熟，自身的职业生涯规划、孩子的教育规划及退休后的财务规划等都列入投资理财规划中。

对于投资有道、理财有方的“超钱女”来说，有正确的投资理财意识很可取，然而，选择几款合适的理财工具也很关键。开设一张实用的信用卡，满足提前消费；开通一张理财卡，实现所有理财功能的汇总，例如，有些银行除了常规投资理财品种外，还具有异地汇款、投资彩票、慈善募捐等功能；常打理财热线，要想了解各家银行的理财信息，只要记住服务热线，经常拨打咨询即可。同时，除了自己规划投资理财外，可以适时选择银行的VIP贵宾服务，尤其是对于中年女性，可以通过银行专业人士的指导，来满足家庭复杂投资理财的需求。

第三节　几款家庭常见理财产品介绍

存款储蓄

储蓄存款指为居民个人积蓄货币资产和获取利息而设定的一种存款。储蓄存款基本上可分为活期和定期两种。活期储蓄存款虽然可以随时支取，但取款凭证——存折不能流通转让，也不能透支。传统的定期储蓄存款的对象一般仅限于个人和非营利性组织，且若要提取，必须提前七天事先通知银行，同时存折不能流通和贴现。

目前，美国也允许营利公司开立储蓄存款账户，但存款金额不得超过15万美元。除此之外，西方国家一般只允许商业银行的储蓄部门和专门的储蓄机构经营储蓄存款业务，且管理比较严格。

我国现在存款储蓄的种类主要有：

1. 储蓄。城乡居民将暂时不用或结余的货币收入存入银行或其他金融机构的一种存款活动，又称“储蓄存款”。储蓄存款是信用机构的一项重要资金来源。发展储蓄业务，在一定程度上可以促进国民经济比例和结构的调整，可以聚集经济建设资金，稳定市场物价，调节货币流通，引导消费，帮助群众安排生活。与中国不同，西方经济学通行的储蓄概念是，储蓄是货币收入中没有被用于消费的部分。

2. 活期存款。指不规定期限，可以随时存取现金的一种储蓄。活期储蓄以 1 元为起存点。多存不限。开户时由银行发给存折，凭折存取，每年结算一次利息。参加这种储蓄的货币大体有以下几类：

（1）暂不用作消费支出的货币收入。

（2）预备用于购买大件耐用消费品的积攒性货币。

（3）个体经营户的营运周转货币资金，在银行为其开户、转账等问题解决之前，以活期储蓄的方式存入银行。

3. 定期存款。指存款人同银行约定存款期限，到期支取本金和利息的储蓄形式。定期储蓄存款的货币来源于城乡居民货币收入中的结余部分、较长时间积攒以购买大件消费品或设施的部分。这种储蓄形式能够为银行提供稳定的信贷资金，其利率高于活期储蓄。

4. 整存整取。指开户时约定存期，整笔存入，到期一次整笔支取本息的一种个人存款。人民币 50 元起存，外汇整存整取存款起存金额为等值人民币 100 的外汇。另外，你提前支取时必须提供身份证件，代他人支取的不仅要提供存款人的身份证件，还要提供代取人的身份证件。该储种只能进行一次部分提前支取。计息按存入时的约定利率计算，利随本清。整存整取存款可以在到期日自动转存，也可根据客户意愿，到期办理约定转存。人民币存期分为三个月、六个月、一年、两年、三年、五年六个档次。外币存期分为一个月、三个月、六个月、一年、两年五个档次。

5. 零存整取。指开户时约定存期、分次每月固定存款金额（由你自定）、到期一次支取本息的一种个人存款。开户手续与活期储蓄相同，只是每月要按开户时约定的金额进行续存。储户提前支取时的手续比照整存整取定期储蓄存款有关手续办理。一般 5 元起存，每月存入一次，中途如有漏存，应在次月补齐。计息按实存金额和实际存期计算。存期分为一年、三年、五年。利息按存款开户日挂牌零存整取利率计算，到期未支取部分或提前支取按支取日挂牌的活期利率计算利息。

6. 整存零取。指在存款开户时约定存款期限、本金一次存入，固定期限分次支取本金的一种个人存款。存款开户的手续与活期相同，存入时 1000 元起存，支取期分一个月、三个月及半年一次，由你与营业网点商定。利息按存款开户日挂牌整存零取利率计算，于期满结清时支取。到期未支取部分或提前支取按支取日挂牌的活期利率计算利息。存期分一年、三年、五年。

7. 存本取息。指在存款开户时约定存期、整笔一次存入，按固定期限分次支取利息，到期一次支取本金的一种个人存款。一般是 5000 元起存。可一个月或几个月取息一次，可以在开户时约定的支取限额内多次支取任意金额。利息按存款开户日挂牌存本取息利率计算，到期未支取部分或提前支取按支取日挂牌的活期利率计算利息。存期分一年、三年、五年。其开户和支取手续与活期储蓄相同，提前支取时与定期整存整取的手续相同。

8. 定活两便。指在存款开户时不必约定存期，银行根据客户存款的实际存期按规定计息，可随时支取的一种个人存款种类。50 元起存，存期不足三个月的，利息按支取日挂牌活期利率计算；存期三个月以上（含三个月），不满半年的，利息按支取日挂牌定期整存整取三个月存款利率打六折计算；存期半年以上的（含半年）不满一年的，整个存期按支取日定期整存整取半年期存款利率打六折计息；存期一年以上（含一年），无论存期多长，整个存期一律按支取日定期整存整取一年期存款利率打六折计息。

9. 通知存款。是指在存入款项时不约定存期，支取时事先通知银行,约定支取存款日期和金额的一种个人存款方式。最低起存金额为人民币5万元(含),外币等值5000美元(含)。

为了方便，你可在存入款项开户时即可提前通知取款日期或约定转存存款日期和金额。个人通知存款需一次性存入，可以一次或分次支取，但分次支取后账户余额不能低于最低起存金额，当低于最低起存金额时银行给予清户，转为活期存款。

10. 教育储蓄。教育储蓄是为鼓励城乡居民以储蓄方式，为其子女接受非义务教育积蓄资金，促进教育事业发展而开办的储蓄。教育储蓄的对象为在校小学四年级（含四年级）以上学生。

银行理财产品

20世纪70年代以来，全球商业银行在金融创新浪潮的冲击下，个人理财业务得到了快速发展，个人理财产品销售数量快速增长。在西方发达国家，几乎每个家庭都拥有个人理财产品，个人理财业务收入已占到银行总收入的30%以上，美国的银行业个人理财业务年平均利润率高达35%。花旗银行从1990年起，业务总收入的40%就来自个人理财业务。国内最早的个人理财业务是由中信实业银行广州分行于1996年推出的，而真正拉开内地商业银行个人理财业务竞争序幕的，则是2002年10月招商银行推出的“金葵花理财”业务。

随着我国经济发展，近年来城乡居民的收入呈稳定递增趋势，人们拥有的财富不断增加，富裕居民及高端富有人群逐渐扩大，人们对于金融服务的需求不再只局限于简单的储蓄存款、获取利息，理财需求与理念也得以提升，中国进入了一个前所未有的理财时代，国内商业银行理财业务迅速发展。2006年，我国银行个人理财产品的发行规模达到4000亿元。截至2007年11月底，全国36家银行共推出了2120

款理财产品，初步估计全年银行理财产品的发行规模将达到1万亿元。

在银行业全面对外开放、股票市场回暖、非银行金融机构创新活跃的背景下，理财产品提高了中资银行的竞争能力，稳定了银行基础客户群，加快了银行创新与综合化经营的步伐，已经成为商业银行实现发展战略调整的重要手段。个人理财产品不仅经营风险较小而且收益稳定，有利于商业银行防范化解经营风险，提高银行竞争力。个人理财产品正成为商业银行零售业务的主要产品之一，成为零售业务与批发业务联动的一个重要支撑点。

银行理财产品大致可分为债券型、信托型、挂钩型及QDII型。

债券型——投资于货币市场中，投资的产品一般为央行票据与企业短期融资券。因为央行票据与企业短期融资券个人无法直接投资，这类理财产品实际上为客户提供了分享货币市场投资收益的机会。

信托型——投资于有商业银行或其他信用等级较高的金融机构担保或回购的信托产品，也有投资于商业银行优良信贷资产受益权信托的产品。

挂钩型——产品最终收益率与相关市场或产品的表现挂钩，如与汇率挂钩、与利率挂钩、与国际黄金价格挂钩、与国际原油价格挂钩、与道·琼斯指数及与港股挂钩等。

QDII型——所谓QDII，即合格的境内投资机构代客境外理财，是指取得代客境外理财业务资格的商业银行。QDII型人民币理财产品，简单说，即是客户将手中的人民币资金委托给合格商业银行，由合格商业银行将人民币资金兑换成美元，直接在境外投资，到期后将美元收益及本金结汇成人民币后分配给客户的理财产品。

面对品种繁多的银行理财产品，要选择一款适合自己的，也有不少学问。从获得收益的不同方式来看，银行理财产品可以分为保证收益理财计划和非保证收益理财计划，投资者可以对照自身情况进行选择。

1. 保证收益型

保证收益理财计划，是指商业银行按照约定条件向客户承诺支付固定收益，银行承担由此产生的投资风险，或银行按照约定条件向客户承诺支付最低收益并承担相关风险，其他投资收益由银行和客户按照合同约定分配，并共同承担相关投资风险的理财计划。目前银行推出的部分短期融资券型债券理财、信托理财产品、银行资产集合理财都属于这类产品。投资对象包括短期国债、金融债、央行票据及协议存款等期限短、风险低的金融工具。

银行将理财资金投资于包括转贴现银行承兑汇票、固定收益产品等。这类产品计算简单，投资期限灵活，适合那些追求资产保值增值的稳健型投资者，如毕业不久的年轻人、退休人员等。

2. 保本浮动收益型

保本浮动收益理财计划是指商业银行按照约定条件向客户保证本金支付，本金以外的投资风险由客户承担，并依据实际投资收益情况确定客户实际收益的理财计划。保本浮动收益型理财产品的优点是预期收益可观，缺点在于投资者要承担价格指数波动不确定性的风险。该类产品比较适合有一定承受风险能力的进取型投资者，像一些组建了家庭的中青年人士，收入稳定增长而且生活稳定、注重投资收益的投资者。

3. 非保本浮动收益型

非保本浮动收益理财计划是指商业银行根据约定条件和实际投资收益情况向客户支付收益，并不保证客户本金安全的理财计划。该类产品一般预期收益较高，有些产品投资期限会较长，比较适合风险承受能力强、资金充裕的投资者。

股票投资

股票是股份证书的简称，是股份公司为筹集资金而发行给股东作为持股凭证并借以取得股息和红利的一种有价证券。每股股票都代表股东对企业拥有一个基本单位的所有权。

股票是股份公司资本的构成部分，可以转让、买卖或作价抵押，是资金市场的主要长期信用工具。

股票投资是有很大风险的，但它是风险与利润并存的。股票投资的实战技巧有以下几步：

1. 洞悉成交量的变化

当成交量的底部出现时，往往股价的底部也出现了。成交量底部的研判是根据过去的底部来作标准的。当股价从高位往下滑落后，成交量逐步递减至过去的底部均量后，股价触底盘不再往下跌，此后股价呈现盘档，成交量也萎缩到极限，出现价稳量缩的走势，这种现象就是盘底。底部的重要形态就是股价的波动的幅度越来越小。此后，如果成交量一直萎缩，则股价将继续盘下去，直到成交量逐步放大且股价坚挺，价量配合之后才有往上的冲击能力，成交量由萎缩而递增代表了供求状态已经发生变化。

2. 寻找稳赚图形

第一，首先要介绍的图形就是圆底，之所以要把它放在第一位，是因为历史证明这个图形是最可靠的。同时，这个图形形成之后，由它所支持的一轮升势也是最有力、最持久的。在圆底形成过程中，市场经历了一次供求关系的彻底转变，好像是一部解释市场行为的科教片，把市场形势转变的全过程用慢镜头呈现给所有的投资者。应该说，圆底的形态是最容易被发现的，因为它给了充分的时间让大家看出它的存在。但是，正是由于它形成所需时间较长，往往被投资者忽略了。

第二，一个完整的双底包括两次探底的全过程。也是反映出买卖双方力量的消长变化。在市场实际走势中，形成圆底的机会较少些，反而形成双底的机会较多些。因为市场参与者往往难以忍耐股价多次探底，当股价第二次回落时而无法再创新底的时候，投资者大多开始补仓介入了。

第三，在各种盘整走势中，上升三角形是最常见的走势，也是标准的整体形态，抓住刚刚突破上升三角形的股票，足以令你大赚特赚。

股价上涨一段之后，在某个价位上遇阻回落。这种阻力可能是获利抛压，也可能是原先的套牢区的解套压力，甚至可能是主力出货压力，总之，股价遇阻回落。在回落过程中，成交量迅速减小，说明上方抛盘并不急切，只有到达某个价位才有抛压。由于主动性抛盘并不多，股价下跌一些之后很快站稳，并再次上攻，在上攻到上次顶点的时候，同样遇到了抛压，但是，比起第一次这种抛压小了一些，这可以从成交量上看出来，显然，想抛的人已经抛了不少，并无新的卖盘出现。这时股价稍做回落，远远不能跌到上次回落的低位，而成交量更小了。于是股价自然而然地再次上攻，终于消化了上方的抛盘，重新向上发展。在上升三角形没有完成之前，也就是在没有向上突破之前，事情的方向还是未知的，如果向上突破不成功，可能演化为头部形态，因此在形态形成的过程中不应轻举妄动。突破往往发生在明确的某一天，因为市场上其实有许多人在盯着这个三角形，等待它的完成。一旦向上突破，理所当然地会引起许多人的追捧，从而出现放量上涨的局面。

股票投资不可有一日暴富的想法，中国股市正处于成长阶段，股票投资者必须要密切关注国家政策、周边股市行情及所持股的公司业绩、重要事项，做到知己知彼。

基金投资

证券投资基金是一种间接的证券投资方式。基金管理公司通过发行基金份额，集中投资者的资金，由基金托管人（即具有资格的银行）托管，由基金管理人管理和运用资金，从事股票、债券等金融工具投资，然后共担投资风险、分享收益。

投资基金就是汇集众多分散投资者的资金，委托投资专家（如基金管理人），由投资管理专家按其投资策略，统一进行投资管理，为众多投资者谋利的一种投资工具。投资基金集合大众资金，共同分享投资利润，分担风险，是一种利益共享、风险共担的集合投资方式。

基金主要通过以下两种方式获利：

净值增长：由于开放式基金所投资的股票或债券升值或获取红利、股息、利息等，导致基金单位净值的增长。而基金单位净值上涨以后，投资者卖出基金单位数时所得到的净值差价，也就是投资的毛利。再把毛利扣掉买基金时的申购费和赎回费用，就是真正的投资收益。

分红收益：根据国家法律法规和基金契约的规定，基金会定期进行收益分配。投资者获得的分红也是获利的组成部分。

现有基金的种类繁多：

第一，如果是根据投资对象的不同，证券投资基金可分为：股票型基金、债券型基金、货币市场基金、混合型基金、特别基金、国际基金等。其中，特别基金是以特殊事件为导向的。例如，专事追逐濒临破产的公司股票，特别是类似孤儿股权的投资，图谋该股票因加入催化剂而复活，即能赚取暴利。至于国际基金，是以跨国投资为能事，将资金投放于各国股票市场，在国际上游走，事实上这就构成国际热钱的一部分。以种类论，60% 以上的基金资产投资于股票的，为股票基金；80% 以上的基金资产投资于债券的，为债券基金；仅投资于货币市场工具的，为货币市场基金；投资于股票、债券和货币市场工具，并且股票投资和债券投资的比例不符合债券、股票基金规定的，为混合基金。

第二，如果从投资风险角度看，几种基金给投资人带来的风险是不同的。其中股票基金风险最高，货币市场基金风险最小，债券基金的风险居中。相同品种的投资基金由于投资风格和策略不同，风险也会有所区别。例如，股票型基金按风险程度又可分为：平衡型、稳健型、指数型、成长型、增长型、新兴增长型基金。增长型基金是以追求基金净值的增长为目的，亦即购买此基金的投资人，追逐的是价差，而非收益分配。新兴增长型基金顾名思义是将基金的钱投放于新兴市场，追逐更高风险的利润。当然，跟所有的风险投资一样，风险度越大，收益率相应也会越高；风险小，收益也相应要低一些。

基金的主要发行方式有：

1. 证券网络营销基金形式。基金管理公司通过证券交易所和证券公司的网络的方式销售或赎回基金。目前，我国的封闭式契约型基金的发行和买卖均是通过这种方式进行。

2. 银行网络营销基金形式。银行具有众多营业网点，并且划转款项迅捷，因此通过银行的分支网络代理销售基金是基金管理公司广泛采用的渠道。

3. 投资顾问公司营销形式。投资顾问公司是基金营销的中介机构，它作为介于投资者和基金管理公司之间的第三者，站在公正的角度竭力为客户提供投资咨询服务，从专家的角度对市场上各种基金进行客观评价，同时对投资者的投资组合给予合理的建议。

4. 基金管理公司营销形式。基金管理公司设立对客户直接的基金营销部门，客户在基金管理公司的基金销售部门认购基金。

5. 网上基金营销形式。随着信息技术的发展，在网上进行基金营销已成现实。

期货投资

期货投资是相对于现货交易的一种交易方式，它是在现货交易的基础上发展起来的，通过在期货交易所买卖标准化的期货合约而进行的一种有组织的交易方式。期货交易的对象并不是商品（标的物）本身，而是商品（标的物）的标准化合约，即标准化的远期合同。

期货投资业务是一项很广泛的业务，从个人投资者到银行、基金机构都可成为参与者，并在期货市场上扮演着各自的角色。我国通常将期货投资业务分成三个大类。

第一大类是稳健性投资，即跨市套利、跨月套利、跨品种套利等套利交易。跨市套利是指投资者在某一个交易所买入某一种商品的某个月份的期货合约，同时在另一个期货交易所卖出该品种的同一月份的期货合约，在两个交易所同一品种、同一月份一买一卖，对等持仓。

在获取价差之后，两边同时平仓了结交易。目前，我国的跨市交易量很大，主要是有色金属的LME和上海期交所套利，大豆的CBOT和大连商品交易所也逐步开始套利。跨月套利是指投资者在同一个交易所同一品种不同的月份同时买入合约和卖出合约的行为。许多产品尤其是农产品有很强的季节性，当一些月份的季节性价差有利可图时，投资者就会进入买卖套利。所有的商品的近期与远期的价差都有一定的历史规律性。当出现与历史表现不同的情况时，一些跨月套利者便会入市交易，以上海期货交易所的有色金属为例，上海金鹏期货经纪有限公司的许多客户是专门的套利者，许多客户不断交易，以年为核算单位，盈利率有时也高出银行贷款利率的一倍。跨品种套利是指投资者利用两种不同的，但相互关联的商品之间的期货合约价格的差异进行套利交易，即买入某一商品的某一月份的合约，同时卖出另一商品同一月份的合约。值得强调的是，这两个商品有关联性，历史上价格变动有规律性可循，如玉米和小麦、铜和铝、大豆和豆粕或豆油等。

第二大类是风险性投资，即进行单边买卖的交易。有些投资者偏好杠杆交易，认为只要风险与收益成正比，机会很多，就进行投资。在期货市场上，广大的中小投资者（可能是个人，也可能是机构）都在进行风险投资。风险投资分为抢帽子交易，当日短线交易和长期交易。抢帽子交易是指在场内有利即交易，不断换手买卖。当日短线交易是指当日内了结头寸，不留仓到第二个交易日。长期交易指持仓数日、数月，有利时再平仓。

第三大类是战略性投资，即大势投资战略交易。战略投资是指投资者尤其是大金融机构在对某一商品进行周期大势研究后的入市交易，一般是一个方向投资几年，即所谓做经济周期大势，并不在乎短期的得失。国外一般大银行、基金公司都进行战略性投资。我国至今还没有战略投资机构。

黄金投资

黄金投资是世界上税务负担最轻的投资项目。相比之下，其他很多投资品种都存在一些让投资者容易忽略的税收项目。

众所周知，黄金具有商品和货币的双重属性，黄金作为一种投资品种也是近几十年的事情，如今，随着金融市场的不断发展，黄金作为一种投资品种，被越来越多的投资者所认识。

黄金投资具有许多其他投资品种所不具备的优点：

1. 产权转移的便利

黄金转让，没有任何登记制度的阻碍，而诸如住宅、股票的转让，都要办理过户手续。假如你打算将一栋住宅和一块黄金送给自己的子女时，你会发现，将黄金转移很方便，让子女拿走就可以了，但是住宅就要费劲得多。由此看来，这些资产的流动性都没有黄金这么优越。

2. 世界上最好的抵押品种

由于黄金是一种国际公认的物品，根本不愁买家承接，所以一般的银行、典当行都会给予黄金 90% 以上的短期贷款，而住房抵押贷款额，最高不超过房产评估价值的 70%。

3. 黄金市场没有庄家

任何地区性的股票市场，都有可能被人操纵。但是黄金市场却不会出现这种情况，因为黄金市场属于全球性的投资市场，现实中还没有哪一个财团或国家具有操控金市的实力。正因为黄金市场是一个透明的有效市场，所以黄金投资者也就获得了很大的投资保障。

黄金投资有如下一些品种：

1. 实物金

实金买卖包括金条、金币和金饰等交易，以持有黄金作为投资。可以肯定其投资额较高，实质回报率虽与其他方法相同，但涉及的金额一定会较低（因为投资的资金不会发挥杠杆效应），而且只可以在金价上升之时才可以获利。一般的饰金买入及卖出价的差额较大，视作投资并不适宜，金条及金币由于不涉及其他成本，是实金投资的最佳选择。但需要注意的是持有黄金并不会产生利息收益。

2. 纸黄金

“纸黄金”交易没有实金介入，是一种由银行提供的服务，以贵金属为单位的户口，投资者无须通过实物的买卖及交收而采用记账方式来投资黄金，由于不涉及实金的交收，交易成本可以更低；值得留意的是，虽然它可以等同持有黄金，但是户口内的“黄金”一般不可以换回实物，如想提取实物，只有补足足额资金后，才能换取。“中华纸金”是采用3%保证金、双向式的交易品种，是直接投资于黄金的工具中，较为稳健的一种。

3. 黄金期货

一般而言，黄金期货的购买、销售者，都在合同到期日前出售和购回与先前合同相同数量的合约，也就是平仓，无须真正交割实金。每笔交易所得利润或亏损，等于两笔相反方向合约买卖差额。这种买卖方式，才是人们通常所称的“炒金”。黄金期货合约交易只需10%左右交易额的定金作为投资成本，具有较大的杠杆性，少量资金推动大额交易。所以，黄金期货买卖又称“定金交易”。世界上大部分黄金期货市场交易内容基本相似，主要包括保证金、合同单位、交割月份、最低波动线、期货交割、佣金、日交易量、委托指令。

4. 黄金期权

期权是买卖双方在未来约定的价位，具有购买一定数量标的的权利而非义务。如果价格走势对期权买卖者有利，会行使其权利而获利。如果价格走势对其不利，则放弃购买的权利，损失只有当时购买期权时的费用。由于黄金期权买卖投资战术比较多并且复杂，不易掌握，目前世界上黄金期权市场不太多。

5. 黄金股票

所谓“黄金股票”，就是金矿公司向社会公开发行的上市或不上市的股票，又可以称为金矿公司股票。由于买卖黄金股票不仅是投资金矿公司，而且还间接投资黄金，因此这种投资行为比单纯的黄金买卖或股票买卖更为复杂。投资者不仅要关注金矿公司的经营状况，还要对黄金市场价格走势进行分析。

6. 黄金基金

“黄金基金”是“黄金投资共同基金”的简称。所谓“黄金投资共同基金”，就是由基金发起人组织成立，由投资人出资认购，基金管理公司负责具体的投资操作，专门以黄金或黄金类衍生交易品种作为投资媒体的一种共同基金。其由专家组成的投资委员会管理。黄金基金的投资风险较小、收益比较稳定，与我们熟知的证券投资基金有相同特点。

7. 黄金保证金。保证金交易品种：Au（T+5）、Au（T+D）

Au（T+5）交易是指实行固定交收期的分期付款交易方式，交收期为5个工作日（包括交易当日）。买卖双方以一定比例的保证金（合约总金额的15%）确立买卖合约，合约不能转让，只能开新仓，到期的合约净头寸即相同交收期的买卖合约轧差后的头寸必须进行实物交收，如买卖双方一方违约，则必须支付另一方合同总金额7%的违约金，如双方都违约，则双方都必须支付 7% 的违约金给黄金交易所。

Au（T+D）交易是指以保证金的方式进行的一种现货延期交收业务，买卖双方以一定比例的保证金（合约总金额的 10%）确立买卖合约，与 Au（T+5）交易方式不同的是该合约可以不必实物交收，买卖双方可以根据市场的变化情况，买入或者卖出以平掉持有的合约，在持仓期间将会发生每天合约总金额万分之二的递延费（其支付方向要根据当日交收申报的情况来定。例如，如果客户持有买入合约，而当日交收申报的情况是收货数量多于交货数量，那么客户就会得到递延费，反之则要支付）。如果持仓超过 20 天则交易所要加收按每个交易日计算的万分之一的超期费（目前是先收后退），如果买卖双方选择实物交收方式平仓，则此合约就转变成全额交易方式，在交收申报成功后，如买卖双方一方违约，则必须支付另一方合同总金额 7% 的违约金，如双方都违约，则双方都必须支付 7% 的违约金给黄金交易所。

保险投资

商业保险与社会保险不是一个层次上的概念，社会保险仅能满足生存的基本需求，商业保险所保障的是高质量生活的延续。社会保险是一种为丧失劳动能力、暂时失去劳动岗位或因健康原因造成损失的人口提供收入或补偿的一种社会和经济制度。而商业保险是指通过订立保险合同运营，以营利为目的的保险形式，由专门的保险企业经营。

社会保险计划由政府举办，强制某一群体将其收入的一部分作为社会保险税（费）形成社会保险基金，在满足一定条件的情况下，被保险人可从基金获得固定的收入或损失的补偿，它是一种再分配制度，它的目标是保证物质及劳动力的再生产和社会的稳定。社会保险的主要项目包括养老社会保险、医疗社会保险、失业保险、工伤保险、生育保险、重大疾病和补充医疗保险等。

社会保险的五大特征：

1. 社会保险的客观基础，是劳动领域中存在的风险，保险的标的是劳动者的人身。

2. 社会保险的主体是特定的。包括劳动者（含其亲属）与用人单位。

3. 社会保险属于强制性保险。

4. 社会保险的目的是维持劳动力的再生产。

5. 保险基金来源于用人单位和劳动者的缴费及财政的支

持。保险对象范围限于职工，不包括其他社会成员。保险内容范围限于劳动风险中的各种风险，不包括此外的财产、经济等风险。

商业保险是指通过订立保险合同运营，以营利为目的的保险形式，由专门的保险企业经营：商业保险关系是由当事人自愿缔结的合同关系，投保人根据合同约定，向保险公司支付保险费，保险公司根据合同约定的可能发生的事故因其发生所造成的财产损失承担赔偿保险金责任，或者当被保险人死亡、伤残、疾病或达到约定的年龄、期限时承担给付保险金责任。

商业保险的特征：

1. 商业保险的经营主体是商业保险公司。

2. 商业保险所反映的保险关系是通过保险合同体现的。

3. 商业保险的对象可以是人和物（包括有形的和无形的），具体标的有人的生命和身体、财产及与财产有关的利益、责任、信用等。

4. 商业保险的经营要以营利为目的，而且要获取最大限度的利润，以保障被保险人享受最大程度的经济保障。

社会保险同商业性保险主要区别有五点：

1. 性质、作用不同。社会保险具有强制性、互济性和福利性特点，其作用是通过法律赋予劳动者享受社会保险待遇而得到生活保障的权利；而商业性保险是自愿性的、赔偿性的和营利性的，它是运用经济赔偿手段，使投保的企业和个人在遭到损失时，按照经济合同得到经济赔偿。

2. 立法范畴不同。社会保险是国家对劳动者应尽的义务，是属于劳动立法范畴；而商业保险是一种金融活动，属于经济立法范畴。

3. 保险费的筹集办法不同。社会保险费按照国家或地方政府规定的统一缴费比例进行筹集，由国家、集体和个人三方共同负担，行政强制实施；而商业保险实行的是自愿投保原则，保险费视险种、险情而定。

4. 保险金支付办法不同。社会保险金支付是根据投保人交费年限（工作年限），在职工资水平等条件，按规定进行付给。支付标准服从于保障基本生活为前提；而商业保险金的支付是实行等价交换的原则。

5. 管理体制不同。社会保险由各级政府主管社会保险的职能部门管理，其所属社会保险管理机构不仅负责筹集、支付和管理社会保险基金，还要为劳动者提供必要的管理服务工作；而商业保险则由各级保险公司进行自主经营，由中国保险监督委员会统一监督管理。

外汇投资

外汇即国外汇兑，“汇”是货币异地转移，“兑”是货币之间进行转换，外汇是国际贸易的产物，是国际贸易清偿的支付手段。

从动态上讲，外汇就是把一国货币转换成另一国货币，并在国际间流通用以清算因国际经济往来而产生的债权债务。从静态上讲，外汇又表现为进行国际清算的手段和工具，如外国货币，以外币计价的各种证券。通俗来讲，外汇交易是买入一种货币，同时卖出另外一种货币。

比如，一个国家要从国外进口商品，就需要把本国的货币换成出口国的货币，才可进行买卖。这样就产生了一单位本国货币可兑换多少外币的情况。一国货币与外国货币的比率叫“汇率”。汇率会随着各国的政治情况、经济状况及人们的心理预期等变化会经常发生上下波动，有波动就会产生汇率间的差价，有差价就产生了投资获利的机会。外汇属于双边买卖，当货币处于高价位时卖出货币后，在低价位买入可获利；处于低价位时买入货币后，在货币价格升上去时卖出可获利。所以外汇投资买卖较一般其他投资工具（如股票）更容易掌握，交易时间也有很大灵活性。投资者只要判断好汇率的变化方向，那么货币的涨和跌都是赚钱的。尤其是互联网发展到今天，原本只有许多权威机构能看到的消息，普通投资者也一样能够知道，有利于投资者和投资顾问作出决策，从而为投资者提供一个公平、公开、公正的投资环境。

外汇投资是一项热门的投资工具，投资者通过外汇买卖，若分析准确，外汇投资既可收取利息，也可赚取到外汇买卖升跌的利润（如投资外汇市场的硬货币，可以收取利息的），所以外汇买卖的确是十分理想的投资项目，而且外汇市场联系全球，24 小时循环不息，随时随地都可以进行买卖。外汇市场每天的交易量达到 2 万亿美元，市场不会受到大资金的操控，所以，与其他金融产品，如股票、期货等金融工具比较，外汇交易是最公平的金融产品；相对来说更容易长期、持续、稳定地获得丰厚利润。

以建设银行为例，目前其个人外汇买卖系统十分完善和稳定，渠道包括电话银行、网上银行和柜台交易等。其不但能提供 24 小时无间断的外汇交易，还有多种委托方式供客户选择。只要组合得当，不但能够完成交易实现收益，还能享受更小点差，而节省交易成本。

个人外汇买卖的交易方式分为即时交易和委托交易。即时交易就是建行在国际市场价格的基础上，加上一定点差之后给客户报价的方式，客户接受报价则交易成交。银行点差就相当于银行收取的手续费。

委托交易方式又分为两种：盈利委托和止损委托，而通过盈利委托和止损委托的组合构成双向委托。盈利委托是指客户目标成交价格优于市场价格，比如，欧元/美元市场汇率为 1.2067 时，客户想在 1.2167 的价格水平卖出欧元的委托，就是盈利委托。止损委托正好相反，手中有欧元的客户在 1.2000 卖出欧元的委托交易就是止损委托。此外，建行对止损委托收取的点差费用最少。对于习惯顺势而为的投资者，双向委托绝对可以省却实时盯盘的辛苦。

例如，王先生手中有美元，短期看好欧元走势，目前市场价格为 1.2067，他就选择了委托交易的方式。他将止损委托的目标价格放在了 1.2100 水平，因为他认为突破了 1.21 整数关口后，欧元会有一番大涨。同时他将盈利委托的目标价格放在 1.2190，这是因为他将最大盈利定格在该水平上以实现获利。毕竟对于没有时间盯盘的客户，过山车式的市场变动，很可能会让人空欢喜一场。

收藏投资

收藏品投资有着与股票投资不一样的规律，这是因为影响收藏品供求关系的因素与股票不同。不感兴趣的物品最好不要轻易购买。个人的经济实力也是决定和影响投资品种和方向的重要因素，尽管有某一或几个方面的收藏知识，但是经济实力决定着应量力而行地选择收藏品种，不要孤注一掷。而目的性，是决定长期收藏还是短线投资的主要因素。

1. 影响收藏品供应的因素

（1）生产或开采能力。例如，珍珠在古代极为稀少，价格极高，只有身份尊贵的人才能佩戴得起，而在近代，由于珍珠养殖技术的发展，产量大增，现在的珍珠被成筐成筐地买卖，价格也沦落为地摊货价格。

（2）储藏量或再生速度。宝石因为储量极少而价格极高，而且矿物质不可再生，全世界的供应量都很有限，随着经济发展，价格仍有上涨趋势。有些可再生收藏品，由于生长周期很长，几乎也等同于不可再生资源，如黄花梨木、红珊瑚等。这些收藏品如果没有意外事件发生，在今后 100 年内看不到有降价的可能。收藏品之所以能够保值升值，就是因为其稀缺性。

清代有“一两田黄三两金”之说。但是有些宝石的价格涨得离奇，投资这种宝石风险很大。实际上对于想通过投资收藏品保值增值的人来说，并不希望收藏品供应量增加，只有稀缺的东西才有收藏价值。最大的威胁来自技术高超的仿制品。

2. 影响需求的因素

（1）经济发展状况。古代陶朱公有句名言：荒年米贵，丰年玉贵。这是什么意思呢？就是说荒年人们连吃都吃不饱，于是抛售玉石、绸缎等贵重物品，以换取食物，造成米贵玉贱。而丰年食物充足并有余，人们不为生活忧虑，有精力追求精神生活，玉帛等精美物品受到追捧，因而玉帛价格大涨。可见，经济状况越好，收藏品市场会越兴旺。反之则反是。

（2）社会观点、习俗。人是一种社会性动物，社会上流行的观点影响人们的价值观点和取舍行为。例如，从中华人民共和国成立到 20 世纪 70 年代，很多精美的收藏品、古董、古建筑被当作“四旧”遭到毁坏。那时的百货商场根本没有黄金珠宝柜台，很多珠宝玉石、古董都不值钱，也没有市场。而改革开放后，收藏品市场从逐渐恢复走向火爆，百货商场往往有大面积柜台陈列着标价几千、几万甚至几十万元一块的翡翠、和田玉、钻石等珠宝。很多宝石产地面临过度开采造成的资源枯竭。宝石价格更是涨到离谱。佩戴钻石、翡翠成为尊贵地位的象征，社会上甚至出现不健康的攀比。

（3）加工技术。精湛的加工技术能大幅提高宝石的精美程度和艺术价值，激发人们的收藏欲望。投资任何一种收藏品，都必须深入了解相关知识，否则，根本不知道其中的风险和机会。网络给我们提供了前所未有的便捷渠道。

那如何进行收藏品投资呢?

首先，投资者必须懂得收藏的保值增值并非定律，风险和回报是成正比的，因此，收藏投资人要有良好的平和心态。比如，投资某种稀有钱币，其年代久远，存世不多，正当为收藏了一二枚而高兴，准备转手抛出赚一笔时，忽然有报道称这种钱币在某地方大量出土。按照物以稀为贵的原则，收藏的钱币此时还能有高的回报吗？能够保值就不错了。另外，还要学会等待，收藏到了一件很有价值的物品，正巧经济不景气、人们无力拿出很多的钱来收购时，收藏的回报也不能马上实现。所以，收藏投资多数是长线的，投资者应当学会忍耐和等待。

其次，投资者应当根据个人的实际情况选择投资品种和方向。投资人的兴趣爱好、经济实力、目的是选择投资品种和方向的三个重要因素。收藏是需要专业知识的，兴趣往往影响着收藏品种专业知识的多少。

再次，要处理好短线投资和长期收藏的关系。在收藏界除了特别有实力的，都应当把长期收藏和短线投资二者之间的关系处理好。以短线投资培育长期收藏是许多收藏者的必由之路。这就是所谓的以藏养藏，以空间融时间。在收藏手法上，许多投资者都会把握住“低进高出”的常规投资原则；在充分了解市场行情的前提下，赚取异地差价是收藏投资获利的普遍途径。

另外，要善于抓住时机，进行跟风投资。当某些品种行情看好时，不失时机地适当购入，并在适当价位抛出，也是一种投资策略。比如，退出流通的人民币的收藏，如果在1993 年到 1995 年期间抓住某些品种，在 1997 年初出手就可能有几倍的利润。

第二章
用好理财方法，实现家庭财富增值

第一节　常见的家庭理财：储蓄

设定科学合理的家庭开支储蓄方案

家庭作为一个基本的消费单位，在储蓄时也要讲科学、合理安排。一个家庭平时收入有限，因此对数量有限的家庭资本的储蓄方案需要格外花一番工夫，针对不同的需求，家庭应该分别进行有计划的储蓄。

我们的建议是把全家的整个经济开支划分为五大类。

1. 日常生活开支

在理财过程中，每个家庭都清楚一经建立家庭就会有一些日常支出，这些支出包括房租、水电、煤气、保险、食品、交通费和任何与孩子有关的开销等，它们是每个月都不可避免的。根据家庭收入的额度，在实施储蓄时，家庭可以建立一个公共账户，采取每人每月拿出一个公正的份额存入这个账户中的方法来负担家庭日常生活开销。

为了使这个公共基金良好地运行，家庭还必须有一些固定的安排，这样才能够有规律地充实基金并合理地使用它。注意不要随意使用这些钱，相反地，要尽量节约，把这些钱当作夫妻今后共同生活的投资。另外，对此项开支的储蓄必不可少，应该充分保证其比例和质量，比如，家庭可以按照家庭收入的 35% 或 40% 的比例来存储这部分基金。

2. 大型消费品开支

家庭建设资金主要是用于购置一些家庭耐用消费品，如冰箱、彩电等大件和为未来的房屋购买、装修做经济准备的一项投资。我们建议以家庭固定收入的 20% 作为家庭建设投资的资金，这笔资金的开销可根据实际情况灵活安排，在用不到的时候，它就可以作为家庭的一笔灵活的储蓄。

3. 文化娱乐开支

现代化的家庭生活，自然避免不了娱乐开支。这部分开支主要用于家庭成员的体育、娱乐和文化等方面的消费。设置它的主要目的是在紧张的工作之余为家庭平淡的生活增添一丝情趣。比如，郊游、看书、听音乐会、看球赛，这些都属于家庭娱乐的范畴。在竞争如此激烈的今天，家庭成员难得有时间和心情去享受生活，而这部分开支的设立可以帮助他们品味生活，从而提高生活的质量。我们的建议是：这部分开支的预算不能够太少，可以规划出家庭固定收入的 10% 作为预算，其实这也是很好的智力投资，若家庭收入增加，也可以扩大到 15%。

4. 理财项目投资

家庭投资是每一个家庭希望实现家庭资本增长的必要手段，投资的方式有很多种，比较稳妥的如储蓄、债券，风险较大的如基金、股票等，另外收藏也可以作为投资的一种方式，邮、币、卡及艺术品等都在收藏的范畴之内。我们认为，以家庭固定收入的 20% 作为投资资金对普通家庭来说比较合适。当然，此项资金的投入，还要与家庭个人所掌握的金融知识、兴趣爱好及风险承受能力等要素相结合，在还没有选定投资方式的时候，这笔资金仍然可以以储蓄的形式先保存起来。

5. 抚养子女与赡养老人

这项储蓄对家庭来说也是必不可少的，可以说，它是为了防患于未然而设计的。今后家庭有了小孩，以及父母的养老都需要这笔储蓄来支撑。此项储蓄额度应占家庭固定收入的15%，其比例还可根据每个家庭的实际情况加以调整。

上述五类家庭开支储蓄项目一旦设立，量化好分配比例后，家庭就必须要严格遵守，切不可随意变动或半途而废，尤其不要超支、挪用、透支等，否则，就会打乱自己的理财计划，甚至造成家庭的"经济失控"。

家庭不同时期如何储蓄

储蓄是每个家庭都会运用的工具，而不同的生活情况，又决定了每个家庭都会选择不同的储蓄方案。怎样选择最适合自己的储蓄呢?

下面我们来看一下家庭在不同时期如何储蓄。

1. 家庭形成期

一般是指在结婚到孩子出生前的这段时间。这期间，经济收入并不是很高，但两个人共同生活，会有较充足的资金，但同时还会面临买房或买车及生孩子的计划，所以生活比较紧凑。

应当以储蓄为基础，其他为辅。因为，作为一种简单而有效的积累资本方式，储蓄是形成期的主要任务。而关于储蓄的种类，宜多选择定期，少量活期，而定期期限最好是中等长度。过短，定期的优势还没体现出来就到期了；过长，则本来积蓄就不多，若有急用又拿不出来，易陷入财务困境。

2. 家庭稳定期

一般指孩子 7 岁开始上小学到大学毕业。这期间，孩子的花销也很大。应当减少投资的比例，而适度调高储蓄的比例。由于家庭情况基本稳定，可以考虑存一些长期定期存款，这样长期与中期定期存款搭配，活期存款做补充，将为家庭形成更好的保护网。

五大宝典让你的家庭精明储蓄

我们都知道储蓄是一种最普通也最常用的理财工具，事实上几乎每一个家庭都在使用。但是如何利用好储蓄获得较高的收益，却是很多人比较容易忽略的。事实上储蓄存款组合就是一种很好的理财手段，它最主要的作用是兼顾家庭开支和储蓄收益。人们能够根据家庭的日常支出情况，从而估算出每个月的日常支出和收入节余，再行之有效地积蓄资金。

不同的家庭财务状况都各不相同，所以选择储蓄的方式也不尽相同，可是只要根据自己家庭的实际需求，进行比较合理的配置，储蓄也能够为你的家庭收获一份财富。

宝典一：月月储蓄法

月月储蓄法又称作“12 存单法”，也就是说每月存入一定的钱款，所有存单年限都是相同的，但是到期日期分别也都相差一个月。这样的方法，是阶梯存储法的延伸和拓展，不但能很好地聚集资金，又能最大限度发挥储蓄的灵活性，就算是急需用钱，也不会有太大的利息损失。

“12 存单法”存钱方式不但能像活期一样灵活，又可以得到定期利息，日积月累，就会积攒下一笔不小的存款，尤其适合刚上班的年轻人和风险承受能力弱的中老年人。但是在储蓄的过程中一定要注意：当利率上行的时候，存款期限越短越好；然而当利率下行的时候，存款期限越长越好。而现在加息预期也已经大大增强，市民能选择半年或者三个月作为定期的期限，这样一来也就更灵活，还可以享受到加息带来的利息增加。

宝典二：利滚利存款法

如果你想使存本取息的定期储蓄生息效果最好，那么就必须与零存整取储种结合使用，产生“利滚利”的效果，这其实也就是利滚利存储法，又称作“驴打滚存储法”。事实上这是存本取息储蓄和零存整取储蓄有机结合的一种储蓄方法。利滚利存储法是先将固定的资金以存本取息形式定期存起来，随后将每月的利息以零存整取的形式储蓄起来，这样一来就获得了二次利息了。

尽管这种方法能获得比较高的存款利息，但还是有很多市民不大愿意采用利滚利储蓄法，因为这要求大家经常跑银行。不过现在很多银行都有“自动转息”业务，市民可与银行约定“自动转息”业务，免除每月跑银行存取的麻烦。

宝典三：阶梯存款法

所谓阶梯储蓄就是将储蓄的资金分成若干份，分别存在不同的账户当中，或在同一账户里，然后设定不同存期的储蓄方法，而且存款期限最好是逐年递增的。

通常阶梯储蓄有一个好处就是可以跟上利率的调整，它是一种中长期储蓄的方式。利用这样的存储方法就能为孩子积累一笔教育基金。家庭急需用钱的话，可以只动一个账户，避免提前支取带来的利息损失。

比如，小王家有 10 万元的现金打算储蓄，而小王家每个月的固定开销就在 1 万元左右，于是就可以把其中的 4 万元存活期（部分购买货币基金），作为家庭生活的备用金，可以供随时支取；剩下的 6 万元分别用 2 万元开设一个 1 年期的存单，再用 2 万元开设一个 2 年期存单，用 2 万元开设一个 3 年期存单。一年过后，也就将到期的 2 万元再存 3 年期，2 年的到期也转存 3 年，这样每年都会有一张存单到期，这种储蓄方式既方便实用，又能够享受 3 年定期的高利息。只是到期的年限不同，依次也就相差一年。

宝典四：四份存款法

什么是“四份存款法”？顾名思义，也就是把钱分成四份来存。

四份存款法在具体操作的时候，假定有 1000 万元的现金，那么可以把它分成不同额度的 4 份，金额呈逐渐增多的状况，也就是说分成 100 万元、200 万元、300 万元、400 万元 4 张存单，然后再将这 4 张存单都存成 1 年期的定期存款。“在一年之内不论何时需要用钱，都能够取出与所需数额接近的那张存单，这样一来既可以满足用钱需求，也可以在最大限度得到利息的收入。”举个例子吧，倘若在一年之内需要动用 400 万元，那么就只需要取出 400 万元那张存单就可以了，其他的存单继续存银行，这样一来也就避免了存一张存单那种“牵一发而动全身”的状况，从而减少利息的损失。

通常这样的方法适用于在一年之内有用钱的打算，但是不确定什么时候使用、一次用多少的状况。四份存款法不但利息会比活期存款高很多，而且在用钱的时候也能够以最小的损失取出所需的资金。

宝典五：交替存款法

如果说手中的闲钱比较多，而且在一年之内没有任何用处的话，那么交替存款法也就会比较适合。

交替存款法是怎样操作的呢？方法其实非常简单：假定手中有 500 万元的现金，那么可以把它平均分成两份，每份 250 万元，然后分别将其存成半年期和 1 年期的定期存款。直到半年之后，将到期的半年期存款改存成 1 年期的存款，并将这两张存单都设定为自动转存。

这样交替存款，循环周期为半年，而且每半年就会有一张 1 年期的存款到期可以取，这样也能应备急用。“与此同时，获得的收益也翻了好几番。”

总之，对于储蓄来说，利息最大化的窍门说来也不难，也就是存期越长，利率越高。因此，在其他方面不受影响的前提下，尽可能地将存期延长，收益自然也就越大。但是在目前加息预期不断强烈的背景下，市民可根据自身的需要调整，如果可以实现的总存期恰好是 1 年、2 年、3 年和 5 年的话，那就可分别存这四个档次的定期，在同样期限内，利率均最高。

通常在银行加息的情况下，储蓄利率会水涨船高。但是储蓄不只是活期和定期存款。

储蓄有许多千变万化的存款模式。比如，月月储蓄法、利滚利存款法、阶梯存款法、四份存款法、交替存款法等。只要你能够依据自己的财务状况，从而给自己进行有序的组合，就能够发现储蓄的智力魔方，它可以帮投资者取得意想不到的财富。

储蓄理财需提防五大“破财”

在理财产品泛滥的今天，很多人还是倾向于把手中的闲钱存起来，但是在储蓄的过程中，由于他们的有些行为不当，不仅有时会使自己的利息受损，甚至有时还要令自己的存款“消失”。为了防患于未然，有关理财专家提示，储蓄理财，应注意五大“破财”行为。

“破财”行为一：密码选择“特殊”数

很多人在为存款加密码时却不能很好地选择密码，有的喜欢选用自己记忆最深的生日作为密码，但这样一来就不会有很高的保密性，生日通过身份证、户口簿、履历表等就可以被他人知晓，有的储户喜欢选择一些吉祥数字，如666、888、999等，如果选择这些数字也不能让密码带来较强的保密性，所以，在选择密码时一定要注重科学性，在选择密码时最好选择与自己有着密切联系，但不容易被他人知晓的数字，如爱好写作的可把自己某篇大作的发表日期作为密码等，但是要切记自己家中的电话号码或工作证号码、身份证号码等不要作为预留的密码。

“破财”行为二：种类期限不注意

在银行参加储蓄存款，不同的储种有不同的特点，不同的存期会获得不同的利息。定期储蓄存款适用于生活节余，存款越长，利率越高，计划性较强；活期储蓄存款适用于生活待用款项，灵活方便，适应性强；零存整取储蓄存款适用于余款存储，积累性较强。

因而如果在选择储蓄理财时不注意合理选择储种，就会使利息受损，很多人认为，现在储蓄存款利率虽增长了一些，但毕竟还很低，在存款时存定期储蓄存款和存活期储蓄存款一样。其实这种认识是不客观的，虽说现在储蓄存款利率不算太高，但如果有 10000 元，在半年以后用，很明显的定期储蓄存款半年的到期息要高于活期储蓄存款半年的利息。

因此，在选择存款种类、期限时不能根据自己的意志确定，应根据自己的消费水平，以及用款情况确定，能够存定期储蓄存款三个月的绝不存活期储蓄存款，能够存定期储蓄存款半年的绝不存定期储蓄存款三个月的，还值得提醒的是现在银行储蓄存款利率变动比较频繁，每个人在选择定期储蓄存款时尽量选择短期的。

“破财”行为三：不该取时提前取

有很多人在需要有钱急用时，由于手头没钱备用，又不好意思向别人开口，往往喜欢把刚存了不久或已经存了很长一段时间的定期储蓄存款提前支取，使定期储蓄存款全部按活期储蓄利率计算了利息，这些人如果在定期储蓄存款提前支取时这么做，在无形中也可能会造成不必要的“利息”损失。现在银行部门都开展了定期存单小额抵押贷款业务，在定期储蓄存款提前支取时就需要多算算，根据尺度，拿手中的定期存单与贷款巧妙结合，看究竟是支取还是用该存单抵押进行贷款，算好账才会把定期储蓄存款提前支取的利息损失降到最低点。

“破财”行为四：逾期已久不支取

我国新的《储蓄管理条例》规定，定期储蓄存款到期不支取，逾期部分全部按当日挂牌公告的活期储蓄利率计算利息，但是现在有很多人却不注意定期储蓄存单的到期日，往往存单已经到期很久了才会去银行办理取款手续，殊不知这样一来已经损失了利息，因此提醒每个人存单要常翻翻，常看看，一旦发现定期存单到期就要赶快到银行进行支取。当心损失了利息。

“破财”行为五：大额现金一张单

通过调查发现，很多人喜欢把到期日相差时间很近的几张定期储蓄存单等到一起到期后，拿到银行进行转存，让自己拥有一张“大”存单，或是拿着大笔的现金，到银行存款时喜欢只开一张存单，虽说这样一来便于保管，但从人们储蓄理财的角度来看，这样做不妥，有时也会让自己无形中损失“利息”。

不管时间存了多长也全部按当日挂牌公告的活期储蓄存款利率计算利息，如此就会形成定期储蓄存单未到期，一旦有小量现金使用也得动用“大”存单，那就会有很大的损失，虽说目前银行部门可以办理部分提前支取，其余不动的存款还可以按原利率计算利息，但也只允许办理一次，正确的方法是假如有 10000 元进行存储，可分开四张存单，分别按金额大小排开，如 4000 元、3000 元、2000 元、1000 元各一张，只有这样一旦遇到有钱急用，利息损失才会减小到最低。

选择哪个银行存钱也是一门学问

虽然现代社会有着众多的资金投资渠道，但是储蓄仍旧是公众的首选。如今的金融网点虽然很多，但是硬软件设施和服务功能却一直都是参差不齐的。那么，百姓们到底应该如何选择及选择哪些金融机构和何种方式存钱，才能真正地确保资金的安全和享受现代先进的金融服务呢？

存款的首要条件就是要选择合法、正规的金融机构。当你走进某某银行、信用社存款的时候，首先就应该看一看该机构有没有在最醒目的位置上悬挂中国人民银行准予开业的《金融机构营业许可证》和工商行政管理部门制发的《营业执照》。这两证是当前辨别一家金融机构是否合法最主要的标志。与此同时，这些银行、信用社都会经过人民银行的每一年的年检，信誉优良、管理正规。在我国目前尚没有私人银行机构，所以现有的银行、信用社在社会主义制度下，如果个别机构由于其经营不善等原因所造成存款支付困难甚至关闭清算，那么国家就会立即出面采取一定措施确保对个人存款的支付，确保老百姓的合法权益。然而，对于那些非法的假银行、地下“钱庄”“抬会”“摇会”等，报刊上也是常常有曝光其欺骗群众、诈取钱财的案例，因此我们一定要擦亮自己的眼睛，坚决不为其高利率等优厚条件所诱惑，也绝不可以将自己的辛苦钱、养老钱交给他们。

要懂得尽量去选择那些形象佳、硬软件好、地理位置优越、可以大区域通存通兑的银行。当下有的一些银行实行集约化经营，陆续撤并了一些地处偏僻、余额较低的储蓄所、分理处。过去在这些储蓄点存款的居民，隔了一段时间去存取款的时候，才发现原来的储蓄点已经搬迁撤并，通常是要费上许多工夫才能找到新的储蓄点。所以才选择那些形象佳、规模大、地段好的储蓄网点存款，便可以省去上述东奔西走、“寻寻觅觅”的烦恼。还有，现在各家银行都普遍实现了本地储蓄通存通兑，但你应进一步选择其能在全国主要大中城市可以通存通兑的银行，这可使你今后在外出、旅游或进行商务活动时更方便，实现“一处存钱，到处可取”。

再者就是要选择在银行里当面存入的方式和有电视监控的银行。目前来看，金融机构存款竞争非常激烈，都纷纷推出了上门服务、上门吸存，这确实给公众提供了很大方便。

但其实同时也应当看到其有手续不够严密、缺乏有效监督等缺陷，并有极少数的不法分子利用这种上门吸存进行诈骗储户存款的案件发生，少则几万元，多则几十万元，这样也就严重侵害了储户的利益，扰乱了金融秩序。所以说，对待金融机构上门吸存，居民也一定要慎重，在那些陌生的、感到不踏实的情况之下，还是应该自己亲自跑一趟银行、信用社存款为好。而且存款最好选择那些有电视监控的银行，以确保万无一失。万一你的存单、存折、卡及身份证同时失窃后被人冒领的话，监控录像就能够协助警方查找冒领人，这也无疑为你的存款安全把住了最后的一道关；假如发生存、取款的差错，监控录像还能够查找弄清责任。

还要注意的就是尽量选择开设“提醒服务”“自动续存”“夜市储蓄”等拥有特色服务的银行。现代社会人们的生活节奏逐渐加快，投资理财事务也相应地增多，数月、数年前存入储蓄的种类、期限、利率情况不可能记得非常清楚，有的时候在忙忙碌碌当中，或不经意之间，也就会错失了很多的存款收益。因此，一些银行网点也就推出了“提醒服务”“自动续存”等特色服务，存款到期前应该首先打个电话，使你不管是在家还是在紧张的工作当中也同样能够把握住机会，从容理财。事实上现在有的银行还延长了其营业时间，开办了“夜市储蓄”，这也就成为城市之夜一道非常靓丽的风景线，假如白天工作繁忙或忘了取钱，但是到了晚上又突然要取钱急用，“夜市银行”就能够解决自己的燃眉之急。

选择好的金融机构存钱对你的理财也是百利而无一害的。通常选择合法、正规的金融机构就是存款的首要条件；选择形象佳、硬软件好、地理位置优越、可以大区域通存通兑的银行会让你更放心；选择在银行里当面存入的方式和有电视监控的银行是安全的可靠保证；选择开设“提醒服务”“自动续存”“夜市储蓄”等特色服务的银行会更加方便快捷。

最重要的几种储蓄方式

储蓄几乎是每一个人要遇到的事情，它是人们把手中的货币存入银行等金融机构的一种信用活动。通俗来说，储蓄就是把钱存到银行，虽然看起来容易，但是储蓄却对我国的宏观经济及个人和家庭的发展有着十分重要的作用。比如，一方面根据货币的流通规律，市场上的货币流通量必须与投入流通的产品价格总额相互适应，从而稳定物价；同时通过储蓄，能够推迟一部分现实购买力或使货币直接掌握在国家的手里，保证了国家能够根据商品流通的实际需要，有计划地调节市场货币流通量，完成宏观调控，从而缓和了商品供求矛盾，保持了市场物价的稳定。另一方面，作为对使用储户存款的报酬，银行付给储户利息，从储户的角度来看，通过参与储蓄，他们获得了比本金更多的收入，使自己的货币得以保值。因此，储蓄在我国乃至世界范围内成为个人投资的主要渠道之一。当然，这也就关系到我们下面给大家介绍的居民如何储蓄生息，实现利息最优化的问题。

目前，我国城市居民的个人储蓄存款种类包括活期储蓄和定期储蓄两大类。其中，定期储蓄又细分为定期储蓄和存本取息定期储蓄。除此之外，还有一种处于两者之间的折中品种——“定活两便储蓄”。

定期储蓄，是指客户在存款的时候就和银行约定储蓄期限，一次或者在存期内按期分次地存入本金，整存或分期分次地支取本金和利息的一种储蓄方式。定期储蓄根据不同的存、取款的方法和付息方式，又可以分为零存整取定期储蓄、整存整取定期储蓄、存本取息定期储蓄、贴水定期储蓄、整存零取定期储蓄、大额可转让定期存单和专项储蓄七种。

根据人们对储蓄的需求，我们可以选择不同的储蓄种类，以下重点介绍几种储蓄方式。

1. 存本取息定期储蓄

存本取息定期储蓄是一次存入整笔资金，在约定的存期内分次支取利息，然后到期一次性支取所有本金的一种储蓄方式。这种储蓄约定期限内不动用本金，只按期支取利息。支取利息的期次，一般可以是一个月、三个月或六个月，适用我国境内的个人居民。存本取息定期储蓄的特点是存款金额大、稳定性好、收益良好，适应本金不动、只按期支取利息的大笔款项存储。

开办存本取息定期储蓄时，要一次存入金额，约定好需存款的期限和支取的次数，银行签发给存单，储户凭存单，按约定日期就能支取利息。存单到期时可支取全部本金。例如，你父母有较大一笔 20 万元的存款，而且在相当长的时间内别无他用，但要定期旅游之类，这种存本取息的储蓄方式不失为他们的最佳选择。

不同的储蓄银行，存本取息定期储蓄的起点存储金额也是不同的，一般为 3000 元到 5000 元人民币，无上限。存款的期限有一年、三年、五年三种。支取利息的期次，由储户自己决定。储户可以根据自己的具体情况来决定支取利息的期间。需要注意的是，如果你到了取息日仍不提取，以后也随时可以支取，但是逾期不计算复利；如果你要提前支取，要扣回已经分期支取的利息，计息原则基本同上。此外，在存款原定存期内，国家调整利率，仍然是分段计算利息，如果是过期支取时，其过期部分利息照以上规定进行支付。

2. 定活两便储蓄

定活两便储蓄，是一种事先不约定存期，一次性存入，一次性支取的储蓄存款，它介于定期与活期之间，也可称是定期与活期储蓄的“折中”产品——定活两便储蓄的利息根据实际存期，分别按活期利率或整存整取定期储蓄同档利率计算。这种储蓄以固定面额存单为存款凭证，存期不限，面额固定，存单不记名、不挂失，可以在同一个城市内通存通兑、随时支取。比如，当你手头的资金有较大额度的结余，但在不久的将来要随时全额支取使用时，就可以选择“定活两便”的储蓄存款形式。

定活两便储蓄的计息方式为：三个月以内的储蓄按活期计算；三个月以上的，按同档次整存整取定期存款利率的六折计算；存期在一年以上（包含一年），无论存期多长，整个存期一律按支取日定期整存整取一年期存款利率打六折计息。公式为：

利息 = 本金 × 存期 × 利率 ×60%

因定活两便储蓄不固定存期，支取时极有可能出现零头天数，出现这种情况，适用于日利率来计算利息。正是因为具备了灵活、方便、保密等多方面的优点，定活两便储蓄方式的适应范围较广。具体分析，它既适合一些存期、用途尚未确定，又对利息、保密的要求比较高的一些款项的存储，也能适应储蓄投资者对通存通兑的需要。目前也有一些银行开始记名储蓄，如有丢失，用户可以凭借身份证等证明自己合法身份的证件去办理挂失。

3. 零存整取定期储蓄

零存整取定期储蓄，简称“零整”，它是一种按月存储，到期一次提取本金和利息的定期储蓄。零存整取具有“积零为整，积小钱办大事”的特点，并且每月存入不多，不会影响我们的正常生活，长期积累还可以形成一笔可观的积蓄，这也符合我们多数人投资消费的细水长流的心理。

此外，零存整取的存款期限分为一年、三年、五年三种，一般银行不对储蓄金额做出限制。但一般来说要求每月需要存入固定金额（往往开户金额，有些银行会收取卡费、工本费等），中途如有漏存，可以在下月补齐，但是，如果在第3个月未补齐，则会被视作违约，到期银行会按活期利率计付利息。零存整取储蓄的适应面非常广，一般的家庭和个人都适用，尤其是对那些计划在一定时期后实现特定目的如购房、支付子女教育费用等的投资者则显得更加合适。

零存整取定期储蓄计息方法有几种，一般家庭宜采用“月积数计息”方法。其公式是：

利息 = 月存金额 × 累计月积数 × 月利率，其中：累计月积数 =（存入次数 +1）÷ 2 × 存入次数。

据此推算一年期的累计月积数为（12+1）÷ 2 × 12=78，以此类推，三年期、五年期的累计月积数分别为 666 和 1830，储户只需记住这几个常数就可按公式计算出零存整取储蓄利息。

4. 通知储蓄存款

通知储蓄存款是指储户存款不约定存期，但在支取时提前通知银行，并约定支取存款日期和金额才能取得存款的一种存款。通知存款通常采取记名存单式，能够办理挂失，手续简单、安全。起存金额为 50000 元。个人通知存款是不论实际存期长短，通常都按存款人提前通知的期限分为一天通知存款和七天通知存款。前者必须提前一天通知约定支取存款，后者则必须提前七天通知约定支取存款。

5. 教育储蓄

所谓教育储蓄，是指自然人按国家有关规定到指定银行开户、在规定的期限内存入规定数额资金、专门用于教育目的的一种专项储蓄，更是一种专门为学生支付非义务教育所需教育金的专项储蓄，凡在校的中小学生(小学四年级以上)，为应付将来上高中或大学等非义务教育开支的需要，都可以在其家长帮助下，参加教育储蓄。教育储蓄采用实名制，开户时，客户要持本人（学生）户口簿或身份证到银行以学生的姓名开立存款账户；到期支取时，储户需凭存折及有关证明一次支取本息。

教育储蓄最低起存金额为50元，能够多存，但每次月存金额不得超过开户月的存款额。例如，六年期每月存277元，六年到期本金就是19944元；或者可每月存5000元，四个月后即已存满，但也须六年后方到期。最后，每一账户到期本金合计最高限额为20000元。在存期方面，教育储蓄存期有一年、三年、六年期共三档。

教育储蓄可以在同档整存整取定期储蓄利率的基础上按有关优惠利率计息，并按实际存期计算利息。教育储蓄各档次利率为：一年期按开户日中国人民银行公告的一年期整存整取定期储蓄利率计付利息；三年期按开户日中国人民银行公告的三年定期储蓄存款利率计付利息；六年期按开户日中国人民银行公告的六年期整存整取储蓄存款利率计付利息，同时享受教育储蓄优惠利率。此外，教育储蓄在存期内遇到利率调整时，按存折开户日挂牌公告的相应储蓄存款利率计付利息，不分段计息。如果你是逾期支取教育储蓄的话，可凭存折和本人的居民身份证或户口簿到开户储蓄所办理支取业务，其超过原定存期的部分，按支取日挂牌公告的活期储蓄存款利率计付利息。

初次办理教育储蓄存款时，可以办理预存分期存款。在办理时要分笔进行，每笔金额相等，但预算总额不得超过20000元。如某储户带现金5000元要求办理教育储蓄，可有两种方法办理：一是选择期限，一次全额办理；二是选择期限，多次办理。

还有一点与其他储蓄方式不同的是，教育储蓄在利息所得税方面是被免征的，因而利息收入又可少扣20%，加上享受的有关优惠利率所多得的利息，合起来与普通零存整取储蓄利息收入的差额超过50%。以3年期教育储蓄为例，经计算比普通零存整取储蓄利息收入高出56.2%。

值得注意的是，教育储蓄中的违约是指教育储蓄在分月存入过程中，中途若有漏存，次月又未补齐的情况。时隔2个月后的存款都按照银行挂牌公告的活期储蓄存款利率来计息，而没有违约的部分按教育储蓄规定计息。如某储户在分期计入1年期教育储蓄存款的过程中，第7个月没有存入固定存额的100元，到第9个月存入这三个月每月各100元，那就构成了我们所说的违约。这样的话前6个月按公告的1年定期储蓄存款给付利息，以后的存款都作为公告的活期存款利率计息。

针对不同储种的储蓄技巧

在储蓄存款低息和储蓄仍然是家庭投资理财重要方式的今天，掌握各储种的储蓄技巧就显得尤其重要，掌握了这些技巧将使家庭的储蓄存款保值增值达到较好的效果。

有人纠结于银行存款活期好还是定期好。作为普通大众的我们，这倒也的确是个问题，我们先来看一下什么是活期存款和定期存款。

所谓活期存款是一种无固定存期，随时可取、随时可存，也没有存取金额限制的一种存款。而定期存款是指储户在存款时约定存期，开户时一次存入或在存期内按期分次存入本金，到期时整笔支取本息或分期、分次支取本金或利息的储蓄方式。它包括整存整取、零存整取和存本取息三种方式。

存款时是选择活期还是定期，具体要看你的资金对流动性要求如何。如果你的钱长期不用，可以存定期，而且最好分存为几张等额存单，这样就算有急用，也可以解存部分定期，不至于损失全部利息，而且存期越长，利率越高，肯定要比活期好。反之，如果你的钱很可能随时会用到，那还是活期比较好。

如果定期存款全部提前支取，你的存款只能按照活期的利率计算，与同档次定期存款利率相比，你将损失不少利息收入。因此，最好在存款时做好计划，合理分配活期与定期存款，大额定期存款可适当化整为零，这样既不影响使用，也不减少利息收入。目前银行开办的储种可谓种类繁多，面对不同的储种，是否都有与其相对应的储蓄技巧呢？答案当然是肯定的。

1. 有关活期储蓄的技巧

对于活期储蓄来说，没有太多可供深究的技巧可言，家庭只需了解对于活期储蓄银行一般规定 5 元起存，由银行发给存折，凭折支取（有配发储蓄卡的，还可凭卡支取），存折记名，可以挂失。它的特点是利息于每年 6 月 30 日结算一次，前次结算的利息并入本金供下次计息。

活期储蓄适合被普通家庭运用在日常开销方面，因为它的特点是灵活方便。但是，由于活期存款利率较低，一旦活期账户结余了数目比较大的存款，家庭就应及时把其转为定期存款。另外，家庭在开立活期存折时一定要记住留存密码，这不仅是为了存款安全，而且还方便了日后跨储蓄所和跨地区存取，因为银行规定：未留密码的存折不能在非开户储蓄所办理业务。

2. 有关定期储蓄的技巧

定期储蓄中又包含许多储种，它们的特点各不相同，因此在使用时的技巧也会有所不同。

整存整取是定期储蓄中历史最悠久的储种，它适用于家庭中节余的较长时间不需动用的款项。在高利率时代，储蓄的技巧是期限分拆，即将五年期的存款分解为一年期和二年期，然后滚动轮番存储，这样做可以达到因利生利的效果，使收益最佳。而在如今的低利率时期，家庭都应该明白，其储蓄的技巧除了尽可能地增长存期外，别无他法。这就要求家庭能存 5 年的就不要分期存取，因为低利率情况下的储蓄收益特征是存期越长、利率越高、收益越好。此外，家庭还要能够善用我们在前文中提到的部分提前支取、存单质押贷款等方法来避免利息损失。

零存整取也是许多家庭非常熟悉的一种储蓄方法，它适用于较固定的小额余款存储，因为其积累性较强。目前银行一般规定零存整取定期储蓄 5 元起存，存期分为一年、三年、五年三个档次，尤其适合收入不高的家庭生活节余积累成整的需要。它的规定比较严格，存款开户金额由家庭自行决定。

很明显我们可以看出，这种储蓄方法不具有很强的灵活性，有一些家庭存储了一段时间后，认为如此小额存储效果并不明显，因此放弃者不在少数，其实这种前功尽弃的做法对家庭来说往往损失很大，因此采用这种储蓄方式最重要的技巧就是“坚持”。

存本取息是定期储蓄中的另一个储种，目前银行一般规定存本取息定期储蓄是5000元起存。要使存本取息定期的储蓄效果达到最好，最重要的技巧就是把这种方法与零存整取储种结合使用。

3. 有关定活两便储蓄的技巧

目前银行一般规定定活两便储蓄50元起存，可随时支取，既有定期之利，又有活期之便。这种储蓄方法的技巧主要是掌握支取日，确保存期大于或等于3个月，这样做可以减少利息的损失。

4. 有关通知储蓄存款的技巧

目前银行一般约定通知储蓄存款5万元起存，一次存入，可一次或分次支取，存期分为1天和7天两个档次。支取之前必须向银行预先约定支取的时间和金额。这种储蓄方式最适合那些近期要支用大额活期存款但又不知支用的确切日期的家庭，例如，个体户的进货资金、炒股时持币观望的资金或是节假日股市休市时的闲置资金。

5. 有关教育储蓄的技巧

教育储蓄作为国家开设的一项福利储蓄品种，目前银行一般规定教育储蓄 50 元起存，存期分为一年、三年、六年三个档次。存储金额由家庭自行决定，每月存入一次（本金合计最高为 2 万元）。

因此，教育储蓄具有客户特定、存期灵活、总额控制、利率优惠、利息免税的特点。由于教育储蓄是一种零存整取定期储蓄存款方式，在开户时家庭与金融机构约定每月固定存入的金额，分月存入，但允许每两月漏存一次。因此，只要利用漏存的便利，家庭每年就能减少 6 次跑银行的劳累，也可适当地提高利息收入。

另外，除了上述对应不同储蓄类型的技巧外，就家庭储蓄本身而言，还是存在许多额外技巧的。在对待储蓄的态度上有的家庭会觉得花钱总是一种愉悦的享受，而储蓄却好似一种痛苦的惩罚。如果有这样的想法，那么，家庭大可以把储蓄看作一个游戏，一旦意识到这个游戏充满着智慧的挑战，那么就会取得成功。对于刚刚建立的新家庭而言，从小额储蓄起步是很正常的。家庭可以拿出月收入的10%到15%来进行储蓄，最重要的是制定目标后要持之以恒。另外，家庭还可以采取定期从工资账户上取出20元、50元或100元，存入新开立的存款账户中的方法，家庭会发现这种手中可支配现金比以往减少了的生活不会和从前有什么差别，一旦适应之后，家庭就可以逐步从工资账户中增加每次取出的金额，存入新的存款账户，这样你就会发现，银行账户上的钱会比想象得多。我们还有一个相似的办法，就是每天从钱包里拿出5元或10元钱，把它们放在一个自己看不见的地方，也可以当作被小偷偷走了，然后每月将这些积攒到一定数目的钱存入银行存款账户中。家庭仍然会感觉到，其实每天可支配的钱少了5元或10元并不会对生活产生什么影响，然而如果每天存5元，每月就是150元，一年居然就可以买得起一台电视了！

我们必须承认，储蓄也是需要动力的，它更是考验一个人自制力的最好方法。如果家庭成员对自己的自制力不那么自信，不如就把储蓄的目标贴在床头、冰箱门、客厅的墙上等家中醒目的地方，时常提醒自己，以增加储蓄的动力吧。

家庭一旦养成了储蓄的良好习惯，并能坚持下去，再配以一种或几种适合家庭的投资理财方式，以获得较高的投资回报，将来家庭的前途一定不可限量。储蓄永远都是一个家庭的坚实基石，有了它，家庭就可以无忧无虑地进行投资、享受生活了！

购买银行理财产品的妙招

理财产品种类繁多，我们不能面面俱到，所以如何购买是关键。

在知道如何购买银行的理财产品之前我们要先解释一下什么是“理财产品”。“银行理财产品”按照标准的解释是：商业银行在对潜在目标客户群进行分析研究后，在此基础上针对特定目标客户群而开发设计的、销售的资金投资及管理计划。在运用理财产品这种投资方式时，银行只是接受客户的授权来管理资金，投资收益与风险的承担由客户本人或客户与银行按照约定方式承担。

银行理财产品的分类有：

1. 保证收益理财产品。保证收益理财产品是指：商业银行按照约定的条件向客户承诺支付固定的收益，并且由银行承担由此产生的投资风险；或是银行按照约定的条件向客户承诺支付最低收益并承担相关风险，如果有其他投资收益那么由银行和客户按照合同约定分配的同时共同承担相关投资风险的理财产品。

2. 非保证收益理财又可细分为：保本浮动收益理财产品、非保本浮动收益理财产品。其中，保本浮动收益理财产品是指：商业银行按照与客户的约定条件向客户保证本金支付，而本金以外的投资风险由客户自己承担，并且依据实际投资收益的情况确定客户实际收益的理财产品。非保本浮动收益理财产品是指：商业银行根据双方约定条件和实际投资收益情况再向客户支付收益，但并不保证客户本金安全的理财产品。

那么，投资者该如何具体选择适合自己的理财产品呢？

1. 根据自身的具体情况选择。如果你是一个性格保守的人，希望本金安全性高又不愿意要不确定的收益，就应选择一些预期收益比较固定的理财产品，如预期收益在5.1%的美元理财产品或预期收益4.3%的人民币理财产品。无论别人怎么忽悠，都不要心动，因为选择了适合自己性格的产品才能晚上睡得着觉！而且千万不要做风险上的“两面派”，一面强调不愿承担高风险，一面又在做股票、单位集资、合伙房地产生意等高风险的投资。

2. 充分了解自己所购买的产品。购买前一定要看看产品说明书，自己有一个判断，如各家银行推出的打新股产品（用资金参与新股申购，如果中签的话，就买到了即将上市的股票，这叫“打新股”。网下的只有机构能申购，网上的，你本人就可以申购），产品说明上注明这类产品是委托谁运作的，申购是网上还是网下，其收益大概是多少。只要目前国家政策不发生大的变化，银行的打新股产品，其收益应该是比固定收益型的理财产品更高，但高多少要看各家银行的运作水平。另外，对理财产品有一个正常的心态去判断也是必需的，如果有人说这个世界上有稳赚不赔的事情，保证收益、保证本金，就不应该去相信。对任何一个别人吹嘘的超过市场平均水平的收益率很多的理财产品，都要打个问号想想，原因是他们的以往历史业绩做到了，还是有更好的理由可以支撑他们所说的话。

3. 选择一个信誉比较好的银行。选择银行这一点非常重要，关键是看这家银行在市场上的信誉和历史业绩。标准是看该银行是否以经营理财产品为重点；是否每次都在第一时间推出创新理财产品和升级理财产品；是否被投资市场一致好评，推出的每期理财产品是否按照当初的预期收益率实现回报给客户。

有些银行运作经验较少，在竞争中产品推出得也较迟，升级产品也只是跟风，虽然达不到当初广告宣传的预期收益的底线（更不要说宣传的最高线了），但每次会利用老百姓“好了伤疤忘了疼”的习惯，或一些没有涉足过理财产品又想追求高收益的百姓心理，进而推出比市场同业更高的预期收益产品。

有的银行在每次推出好的理财产品时不仅在时间上领先同业 3~5 个月，而且运作经验和资源也是很好的（当然管理费收得可能也是最高的）。这些银行连续几年被市场评为“最佳理财银行”，发售理财产品量市场排名第一，虽然广告宣传的预期收益不会是市场最高的，但到期兑付收益时却是市场同期产品最高的，甚至多次超出客户当初预期收益的上限。因此，老百姓在选择银行时，就应该多关注这类银行及银行的理财产品历史业绩，而不只是关注银行打出的当前广告预期收益是年 15%还是年 20%。

4. 选择一个好的理财经理。由于银行理财产品的专业性，可能并不是所有的人都能看懂产品说明，这时就很有必要选择一个好的理财经理。判断一个理财经理的好坏，首先，感觉他（她）的长处是在销售还是在理财，如果一个名义上的“理财人员”只是强烈地向你推销产品而不是先倾听你的风险承受能力再给你规划投资理财的方案，他（她）就不是一个值得信任的理财经理。其次，帮你选择哪一类理财产品要能够说出道理。这类产品为何适合你。最后也是最重要的，一个理财周期后这个理财人员是否达到了他（她）给你承诺的预期规划收益。每个人都会选择适合自己的美发店或餐厅，选择理财经理也是同样的道理。

总之，选择银行的理财产品要基于投资者的风险态度、投资期限的要求和收益要求等。选择银行的理财产品要对其相应的市场、产品利率等相关因素做一定的判断，这样才可以避免盲目跟风造成的损失。

第二节　家庭稳健理财的首选：债券

债券投资的风险与规避

债券投资的风险虽然比股票投资要小，但也绝不能忽视！

债券尽管和股票相比，其利率是固定的，但它既然是一种投资，就逃脱不了承担风险的命运。债券风险不仅存在于价格的变化之中，也可能存在于发行人的信用之中。

因此，投资者在做投资决策之前需正确地评估债券投资风险，明确未来可能遭受的损失。

具体来说，投资债券存在以下几方面的风险：

1. 购买力风险

购买力风险，是债券投资中最常出现的一种风险。指由于通货膨胀导致货币购买力下降的风险。通货膨胀期间，投资者取得的实际利率等于票面利率减去通货膨胀率。若债券利率为10%，通货膨胀率为8%，则实际收益率就只有2%，对于购买力风险，最好的规避方法就是进行分散投资，分散风险让某些收益较高的投资收益弥补因使购买力下降带来的风险。

2. 利率风险

债券的利率风险，是指由于利率变动而使投资者遭受损失的风险。利率是影响债券价格的重要因素：两者之间成反比，当利率提高时，债券的价格就降低；当利率降低时，债券的价格就会提高。由于债券价格会随利率而变动，所以即便国债没有违约风险也会存在利率风险。

所以最好的办法是分散债券的期限，长短期相互配合，如果利率上升，短期投资可以迅速地找到买入机会，若利率下降，长期债券价格升高，一样保持高收益。

3. 违约风险

违约风险，是指债券发行人不能按时支付给债权人债券利息或偿还本金，从而给债券投资者带来损失的风险。在所有债券之中，财政部发行的国债是最具信誉度的，由于有中央政府做担保，被市场认为是金边债券，没有违约风险。但除中央政府以外的地方政府或公司发行的债券则或多或少地会有违约风险。因此，我国设有信用评级机构，它们要对债券进行评价，以反映其违约风险。一般来说，如果市场认为一种债券的违约风险较高的话，那么就会要求该债券提高收益率，从而降低风险，弥补债权人可能承受的损失。

违约风险一般都是由于发行债券的主体或公司经营状况不佳带来的，所以，避免违约风险最直接的办法就是在选择债券时，仔细了解该公司以往的经营状况和公司以往债券的支付情况，尽量避免将资金投资于经营状况不佳或信誉不好的公司债券上。

4. 变现能力风险

变现能力风险，是指投资者无法在短期内以合理的价格卖掉债券的风险。在投资者遇到一个更好的投资机会的情况下，却不能及时找到愿意出合理价格购买的买主，投资者就要把价格降到很低或者再等很长时间才能找到买主卖出，那么，在此期间他就要遭受损失或丧失新的投资机会。针对变现能力风险的抵御，投资者应尽量选择购买交易活跃的债券，如国债等，为了便于得到其他人的认同，冷门的债券最好不要购买。

5. 经营风险

经营风险，是指债券发行人或公司及机构的管理与决策人员在对其经营管理过程中发生失误，导致自身机构的资产减少而使债券投资者遭受损失。为了防范经营风险，投资者在选择债券时一定要对上市公司进行调查，了解其盈利能力、偿债能力和信誉等。国债的利率小但投资风险也极小，而公司债券的利率虽高但投资风险也较大，所以，投资者需要在收益和风险之间做出权衡。

债券投资的风险虽然比股票投资要小，但也绝不能忽视！

个人如何投资公司债券

只有知道了该如何投资，才能很好地规避投资的风险。

公司债也是债券的一种，它的投资风险高于国债小于股票。所以其收益也高于国债小于股票。它对很多投资者来说还是一个新生事物。

目前个人投资者要参与公司债投资的话，主要有两种途径：分为直接投资和间接投资。

其中直接投资又分为两种方式：一是参与公司债一级市场申购；二是参与公司债二级市场投资。

个人投资公司债的方式是首先在证券营业网点开设一个个人证券账户，等公司债正式发行的时候，就可以用该债券账户像买卖股票那样买卖公司债，公司债的交易最低限额是1000元，投资者的认购资金必须在认购前足额存入证券账户。如长江电力公司债的试点发行采用的是“网上发行和网下发行”相结合的方式。网上发行就是将一定比例的公司债券通过上交所竞价交易系统面向社会广大投资者公开发行，其发行的价格和利率都是确定的。投资公司债券的时候，一级市场申购是不收取佣金、过户费、印花税等费用的。

参与公司债二级市场投资，即个人投资者只能在竞价交易系统中（二级市场）进行公司债买卖。每个交易日的时间为 9 时 15 分至 9 时 25 分、9 时 30 分至 11 时 30 分、13 时至 15 时；其中 9 时 15 分至 9 时 25 分为竞价系统开盘集合竞价时间，而 9 时 30 分至 11 时 30 分、13 时至 15 时为连续竞价时间。公司债现券实行 T+O 交易制度，即当日买入当日卖出。投资者在二级市场交易时还需支付成交金额 1% 的费用。

而间接投资就是投资者买入券商、基金、银行等机构的相关理财产品,然后通过这些机构参与其公司债的网下申购。

虽然投资公司债券的风险没有股票投资大，但投资过程中也要注意投资的风险，不能掉以轻心。一般来说，投资公司债券的风险大致有以下几种：

1. 利率风险。当资金利率提高时，债券的价格就会降低，此时便存在风险。就是说债券的剩余期限越长，则利率风险就越大。

2. 流动性风险。投资者如果持有了流动性差的债券，那么在短期内无法以合理的价格卖掉，从而有遭受损失或丧失新的投资机会的风险。

3. 信用风险。指发行债券的公司不能按时给投资人支付债券利息或偿还本金，而给债券投资者造成损失。

4. 再投资风险。没有购买长期债券而购买短期债券，会有再投资风险。例如，长期债券利率为 6%，短期债券利率为 4%，投资者为减少利率风险而购买短期债券。但在短期债券到期收回现金时，用于再投资所能实现的报酬，可能会低于当初购买该债券时的收益率。即如果此时的利率降低到了 3%，就不容易再找到高于 3% 的投资机会，还不如当期投资于长期债券，继续持有下去仍可以获得 6% 的收益。

5. 回收性风险。有回收性条款的债券一般都规定了利息，如果市场利率下降，此前发行的，有回收性条款的债券就不会按照当初没降的利率支付给你，而会按照现在的利率被强制收回。

6. 通胀风险。通胀期间，投资者投资的债券实际利率应该是票面利率扣除通货膨胀率。如债券利率为 6%，通货膨胀率为 4%，则投资者实际的收益率只有 2%。

那么，对于投资者来说该如何规避这些风险呢？

针对上述不同的风险，其主要防范措施有：针对利率风险、再投资风险和通货膨胀风险，都可采用分散投资的方法，购买的债券长短期相配合或购买不同的证券品种；针对信用风险、回收性风险，就要求我们在选择债券时一定要对公司进行调查，通过对其报表进行分析，了解其营利能力和偿债能力、经营状况和公司以往债券的支付情况，尽量避免投资经营状况不佳或信誉不好的公司债券。防范流动性风险，就要求投资者尽量选择交易活跃的债券。而且，投资者在投资债券之前要准备足够的周转现金以备不时之需，有时债券的中途转让不见得会给持有人带来好的回报。

投资公司债券一定要考虑其信用等级，注意投资的风险。债券发行者的资信等级越高，其发行的债券风险越小，对投资人来说收益就越有保证。

帮你选择债券的三个关键词

通常投资者在阅读债券的分析文章或者媒体提供的债券收益指标的时候，通常就能够发现几个专有名词：久期、到期收益率和收益率曲线。然而，这些名词对于投资者选择债券而言都意味着什么呢？

久期在数值上与债券的剩余期限近似，但是又有区别于债券的剩余期限。通常在债券投资当中，久期就能够被用来衡量债券或者债券组合的利率风险，它对于投资者能够有效把握投资节奏有着很大的帮助。

通常而言，久期和债券的剩余年限及票面利率成正比，和债券的到期收益率成反比。

对于一个普通的附息债券，假如债券的票面利率和其当前的收益率相当的话，那么该债券的久期也就等于其剩余的年限。事实上还有一个特殊的情况就是，当一个债券是贴现发行的无票面利率债券,那么该债券的剩余年限就是其久期。除此之外，债券的久期越大，利率的变化对该债券价格的影响也就会越大，所以说风险也越大。通常在降息的时候，久期大的债券上升幅度较大；在升息的时候，久期大的债券下跌的幅度也较大。所以说，投资者在预期未来升息的时候，也就可以选择久期小的债券。

其实从目前来看，在债券分析中久期事实上已经超越了时间的概念，投资者更多地把它用来衡量债券价格变动对利率变化的敏感度，并且经过一定的修正，以使其可以精确地量化利率变动给债券价格造成的影响。通常修正久期越大，债券价格对收益率的变动就会越发敏感，收益率上升所能够引起的债券价格下降幅度就越大，而收益率下降所引起的债券价格上升幅度也就会越大。事实上，同等要素的条件之下，修正久期小的债券要比修正久期大的债券抗利率上升风险能力强，但是抗利率下降风险能力较弱。到期收益率国债价格即使没有股票那样波动剧烈，然而它品种多、期限利率各不相同，经常让投资者眼花缭乱、无从下手。事实上，新手投资国债光是靠一个到期收益率就能够作出基本的判断。通常到期收益率 = 固定利率 +（到期价—买进价）/ 持有时间 / 买进价。我们也可以举例说明，某人以 98.7 元购买了固定利率为 4.71%，到期价为 100 元，到期日 2011 年 8 月 25 日的国债，持有时间为 2433 天，除以 360 天后折合为 6.75 年，那么到期收益率就是（4.71%+0.19%）/98.7=4.96%。

如果掌握了国债的收益率计算方法，就能够随时计算出不同国债的到期或者持有期内的收益率。只有准确地计算你所关注国债的收益率，才可以与当前的银行利率作比较，最终作出投资决策。还有就是债券收益率曲线，它所反映的是某一时点上，不同期限债券的到期收益率水平。利用收益率曲线就能够为投资者的债券投资带来很大的帮助。

债券收益率曲线一般表现为以下四种情况：

1. 正向收益率曲线，它其实意味着在某一时点上，债券的投资期限越长，收益率越高。换言之，就是社会经济正处于增长期阶段（这是收益率曲线最为常见的形态）。

2. 反向收益率曲线，它表明在某一时点上，债券的投资期限越长，收益率越低，也就意味着社会经济进入衰退期。

3. 水平收益率曲线，表明收益率的高低与投资期限的长短无关，也就意味着社会经济出现极不正常情况。

4. 波动收益率曲线，这其实表明债券收益率随投资期限不同，呈现出波状动，也就意味着社会经济未来有可能出现波动。

事实上，在一般情况之下，债券收益率曲线一般都是有一定角度的正向曲线，也就是长期利率的位置要高于短期利率。这其实就是由于期限短的债券流动性要好于期限长的债券，而且作为流动性较差的一种补偿，期限长的债券收益率也就一定要高于期限短的收益率。不错，当资金紧俏导致供需不平衡的时候，也很有可能出现短高长低的反向收益率曲线。

投资者还能够依据收益率曲线不同的预期变化趋势，采取相应的投资策略。假如预期收益率曲线基本维持不变的话，那么目前收益率曲线是向上倾斜的，就可以买入期限较长的债券；假如说预期收益率曲线变陡，则就可以买入短期债券，卖出长期债券；假如预期收益率曲线变得较为平坦时，则可以买入长期债券，卖出短期债券。假如预期正确，上述投资策略可以为投资者降低风险，提高收益。

债券投资三原则

我们应该都知道投资债券既要有所收益，同时还要控制风险。根据债券的主要特点，投资债券的原则主要有以下几点：

1. 收益性原则

一般国家（包括地方政府）发行的债券，通常认为是没有风险的投资，它是以政府的税收做担保的，具有充分并且安全的偿付保证；然而企业债券却存在着能不能按时偿付本息的风险，作为对这种风险的报酬，企业债券的收益性其实也必然要比政府债券高。事实上，这仅仅是其名义收益的比较，其实收益率的情况还要考虑其税收成本。

不同种类的债券收益大小也不尽相同，投资者还是应该根据自己的实际情况选择。但是不管怎么样，都应该坚持其收益性的原则。

2. 安全性原则

如今，由于经济环境有变、经营状况有变、债券发行人的资信等级也不是一成不变的，投资债券安全性问题依然存在。就以政府债券和企业债券来说，政府债券的安全性是绝对高的，企业债券则有时面临违约的风险，特别是企业经营不善甚至倒闭的时候，偿还全部本息的可能性不是很大，所以说，企业债券的安全性也远远不如政府债券。

对抵押债券和无抵押债券而言，有抵押品做偿债的最后担保，其安全性也就相对要高一些。然而对可转换债券和不可转换债券，由于可转换债券有随时转换成股票、作为公司的自有资产对公司的负债负责并承担更大的风险这种可能，所以安全性一定要低。

3. 流动性原则

债券的流动性原则表示着收回债券本金速度的快慢。债券的流动性强也就意味着可以按照较快的速度将债券兑换成货币，同时再以货币计算价值不受损失，反之则表明债券的流动性很差。债券的期限是影响债券流动性的主要因素。期限越长，流动性也越弱；期限越短，流动性也就会变得越强。

除此之外，不同类型债券的流动性也不同。倘若是政府债券，在发行之后就能够上市转让，因此流动性强；企业债券的流动性通常会有很大的差别，然而对于那些资信好的大公司或规模小但是经营良好的公司，他们发行的债券其流动性也通常是很强的；反之，那些规模小、经营差的公司发行的债券，流动性要差得多。所以说，除了对资信等级的考虑之外，企业债券流动性的大小在相当程度上其实也就取决于投资者在买债券之前对公司业绩的考察及评价。

学会购买电子式储蓄国债

什么是电子式储蓄国债呢？电子式储蓄国债是我国财政部面向境内中国公民储蓄类资金发行的，是一种以电子方式记录债权的不可流通人民币债券。

电子式储蓄国债同时具有以下几个特点：

1. 针对个人投资者，不向机构投资者发行；

2. 采用实名制，不可流通转让；

3. 采用电子方式记录债权；

4. 收益安全稳定，由财政部负责还本付息，免缴利息税；

5. 鼓励持有到期；

6. 手续简化；

7. 付息方式较为多样。

电子式储蓄国债通过财政部会同央行确认代销试点资格的中国工商银行、中国农业银行、中国银行、中国建设银行、交通银行、招商银行和北京银行（以下简称“承办银行”）已经开通相应系统的营业网点柜台销售（除中国农业银行和交通银行只开通了部分分行，其余5家银行绝大部分分行都可办理该项国债业务），总共预计有近6万多个营业网点参与此次发行，覆盖了全国绝大部分省份和地区。

中国人民银行选择部分商业银行为试点，面向境内中国公民发行的电子式储蓄国债，是丰富国债品种、改进国债管理模式、提高国债发行效率的一种有益创新，不仅有利于最大限度地服务和方便人民群众，而且也符合国际通行做法。

一般来说，投资者购买的电子式储蓄国债首先就是需要在一家承办银行开立或拥有个人国债托管账户，已经在商业银行柜台开立记账式国债托管账户的投资者不必重复开户。通常投资者持本人有效身份证件，在上述七家承办银行柜台办理开户。开立只能是用于储蓄国债的个人国债托管账户，不收取账户开户费和维护费用。而在我们开立个人国债托管账户的同时，还应该在同一承办银行开立（或者指定）一个人民币结算账户（借记卡账户或者活期存折）作为国债账户的资金账户，用来结算兑付本金和利息。

事实上，拥有个人国债托管账户的那些投资者可用于发行期携带相关证件到账户所在的承办银行联网网点购买电子式储蓄国债。

由于电子式储蓄国债属于不可流通国债，未到期的储蓄国债可以通过提前兑取的方式变现，也就是可以在规定的时间到承办银行柜台申请提前兑取未到期电子式储蓄国债本金和利息。提前兑取也必须要做一定的利益扣除并交纳相应的手续费，而各期电子式储蓄国债提前兑取的具体条件将在各期发行公告中予以公布。投资人如果需要提前兑取，还要持有本人的有效身份证件、个人国债托管账户及资金账户到原承办银行的联网网点办理相关手续，付息日及到期日前15个工作日起开始停止办理提前兑取业务，付息日后恢复办理。因为使用了计算机系统管理债权，所以投资者不需要专门再到银行柜台办理付息和到期兑付业务，财政部委托承办银行于付息日和到期日将储蓄国债的利息或本金直接存入投资者指定的资金账户。

电子式储蓄国债在收益方面有优势。依照规定，银行存款利息收入需要按照 20% 的比例缴纳。目前银行 3 年期的储蓄为 3.24%，缴税后的实际收益为 2.59%。

我们就以 1 万元为例，在银行存入 3 年期定期存款，到期之后扣除 20% 利息税，存款人实得利息 777.6 元；假如购买票面利率为 3.14%（低于储蓄存款名义利率 0.1%）的 3 年期的固定利率固定期限电子式储蓄国债，每年就能够获得利息 314 元，三年下来的总和为 942 元，高于存款利息 164.4 元。假如计算国债利息重复投资收益，电子式储蓄国债的累计收益还会更高。

倘若投资人的流动性需求只是短期的，并且不愿意接受提前兑取从而带来的利益扣除，也能够用电子式储蓄国债的债权作为质押品，再到自己承办银行办理短期质押贷款。

凭证式国债不适合提前支取

事实上，股市持续地下跌甚至暴跌，就会使得投资者再次领教到股市的高风险，然而比较稳健的国债却又在手有余钱的人面前闪闪发光。如今，买国债也就慢慢地成了越来越多市民不约而同的选择，曾经在 2007 年倍感凉意的国债现在却受到投资者追捧，到银行买国债的人又排起了长队。

债券市场有很多的投资机会：企业债风险小、收益高和流动性强；新债和热门债券有套利的空间；国债回报稳定且无风险；可转债则是“保证本金的股票”。事实上投资者能够根据自己的实际情况，把握债券市场的许多机会，或者进行价值投资获得稳健收益，也能通过波段操作进行套利。

通常国债以国家信用为基础，所以资金安全性方面很高；回报也超过同期定期存款。目前我国发行的国债主要有两种：一种为凭证式国债，一种为记账式国债。凭证式国债和记账式国债在发行方式、流通转让及还本付息方面有许多差别。因此，人们在购买国债的时候，一定要根据自己的实际情况来决定究竟应该选择哪一种方式。

而凭证式国债的前身正是国库券，到期的时候一次性发放利息、归还本金。市民对它还是比较熟悉的，它同时也是国家发行国债的主要方式。

投资者购买凭证式国债从购买之日起计息，可以记名，可以挂失，但不能流通。如果购买之后需要变现，可以到原购买网点提前兑取。除偿还本金外，在半年外还能按照实际持有天数及相当的利率档次计付利息。凭证式国债能为购买者带来固定并且稳定的收益,但是购买者有一点需要弄清楚:假如凭证式国债想提前支取，那么在发行期之内它是不计息的，而在半年内支取，则就按照同期活期利率计算利息。

通常那些对于自己的资金使用时间不确定的人，最好不要去买凭证式国债，不要由于提前支取而损失了钱财。国债提前支取还要收取本金千分之一的手续费。这样的话，假如国债投资者在发行期内提前支取，不仅得不到利息，反而还要付出千分之一手续费的代价。因此，凭证式国债更适合那些资金长期不用的人，尤其适合把这部分钱存下来进行养老的老年投资人。

什么是记账式国债？就是财政部通过无纸化方式发行的，以电脑记账方式记录债权并且可以上市交易。这类国债能够自由买卖，其流通转让较凭证式国债更安全、更方便。相对于凭证式国债，记账式国债更适合 3 年以内的投资，其收益与流动性都好于凭证式国债。事实上记账式国债的净值变化是有规律可循的，记账式国债净值变化的时段其实主要集中在发行期结束开始上市交易，通常在这样的时段，投资者所购买的记账式国债将有可能获得溢价收益，也有可能会遭到损失。只要投资者避开这个时段去购买记账式国债，就可以规避国债净值波动带来的风险。

记账式国债上市交易一段时间之后，其净值也就会相对稳定，通常随着记账式国债净值变化稳定下来，投资国债持有期满的收益率也将相对稳定，可是这个收益率是由记账式国债的市场需求决定的。事实上对于那些打算持有到期的投资者来说，只要是能够避开国债净值多变的时段购买，实际上任何一只记账式国债将获得的收益率都相差不大。

股市风险相对比较大，而银行存款收益又相对较低，对于那些偏好低风险品种的投资者来说,国债为首选投资之一。在这里建议投资者的久期保持在5年左右。

个人比较适合买短期的记账式国债,倘若时间较长的话,万一市场有变化，下跌的风险也就会非常大，记账式国债投资者一定要多加注意。相对来说，年轻的投资者对信息及市场变动非常敏感，因此记账式国债更适合年轻投资者购买。

债券的组合和管理策略

债券投资是一门深奥的学问，完全掌握依赖于投资者知识面的拓展和经验的积累，但是这并不意味着债券投资没有任何策略和技巧。经过长期的探索，人们还是掌握了一些有关债券投资的法门，并在债券投资中进行了很好的运用。

其实债券投资和股票投资的基本套路是一样的，即先通过对整体市场走势的判断来决定是否积极介入，然后在总体方向确定的情况下，根据特定的市场情形选取个券。不过这中间还可以加上一个组合策略，即在大方向既定的情况下，选取不同期限的债券组合成资产池。

那么，如何进行债券的组合和管理呢？为什么我们在这中间还要加入一个组合的概念呢？因为市场利率变动对不同期限债券收益率曲线的变动情况并不相同，而这种不平衡就为我们集中投资于某几个期限段的债券提供了条件。主要可以用哑铃形、子弹形和阶梯形三种方式进行债券组合。

所谓哑铃形组合就是重点投资于期限较短的债券和期限较长的债券，弱化中期债的投资，形状像一个哑铃。子弹形组合就是集中投资中等期限的债券，由于中间突出，所以叫子弹形。阶梯形组合就是当收益率曲线的凸起部分是均匀分布时，集中投资于这几个凸起部分所在年期的债券，由于其剩余年限呈等差分布，恰好就构成了阶梯的形状。

那么，该如何管理自己的债券投资组合呢？主要包括以下几种：

1. 被动投资策略

被动投资策略适合于利率风险较低的情况。由于收益稳定，价格波动可以忽略不计，再投资收益率风险也很小，购买力风险也较低。具体包括以下几种策略：

（1）满足单一负债要求的投资组合免疫策略

为了保证至少实现目标收益，投资者应当构造买入这样一种债券：当市场利率下降时，债券价格上升带来的收益抵消再投资收益下降导致的损失之后，还有盈余，反之亦然。

（2）指数化投资策略

如果债券市场是半强型有效市场，债券指数可认为是有效的投资组合。经验证明，要想超过债券指数（或战胜债券市场）是非常困难的，一般的方法是模仿债券指数，把债券组合指数化。采用指数化策略，首先要选定一个债券指数作为依据，然后追踪这个指数，构造一个债券组合。指数化的方法包括优化法、方差最小化法、分层抽样法（适合于证券数目较小的情况）。

（3）多重负债下的现金流匹配策略

现金流匹配策略是按偿还期限从长到短的顺序，挑选一系列的债券，使现金流与各个时期现金流的需求相等。这种策略没有任何免疫期限的限制，也不承担任何市场利率风险，但成本往往较高。

（4）多重负债下的免疫策略

免疫是指选择一只债券或构造一个债券组合，使投资者的持有期等于债券或者债券组合的久期，使其价格风险与再投资风险相互抵消，对利率变动的风险免疫。多重负债免疫策略要求投资组合可以偿付不止一种预定的未来债务，而不管利率如何变化。

债券的价格风险和再投资风险变动方向不相同：如果利率上升，债券市场价值下降，但利息再投资收益增加；反之，如果利率下降，债券市场价值增加，但利息再投资收益减少。通过将债券久期与拟投资期匹配，投资者可以将债券的价格风险与再投资风险相互抵消。由于零息债券的久期与其到期期限相同，可运用零息债券进行免疫，方法就是购买持有期等于零息债券期限的债券并持有直至到期，就能规避利率风险，获得的收益就是购买时的到期收益率。由于无利息支付，零息债券没有再投资风险。免疫所选择的投资组合的久期等于负债（现金流出）的到期期限。因此，可以利用价格风险和再投资率风险互相抵消的特点，保证投资者不受损失。

免疫策略帮助债券的投资组合在到期时达到目标值，比如，养老基金的管理者可以安排使每年得到的现金流能满足养老金的支付。

2. 主动投资策略

主动的债券组合管理是寻找出价格扭曲的债券，通过买入或卖出该债券获得利润，但要求投资者能对市场利率变动趋势有准确的预测。收益率曲线的整体变动趋势是判断整体市场走向的依据，所以一旦我们认为宏观经济出现过热，央行有可能通过升息等紧缩性货币政策来调控经济时，就意味着收益率曲线将整体上移，其对应的就是债券市场的整体下滑，所以这个时候采取保守的投资策略，缩短债券组合久期，把投资重点选在短期品种上就十分必要。

主动的债券管理具体有以下几种方法：

（1）债券调换法

债券调换就是通过对债券或债券组合在水平分析法中预测的收益率来主动地经营管理债券的买卖，调换债券。债券调换是在其他因素相同的情况下，用定价低的债券替换掉定价高的债券，或是用收益率高的债券替换掉收益率低的债券。

债券调换通常包括替代调换、市场间价差调换、获取纯收益调换。

替代调换是指两种债券在等级、到期期限、息票利息付款、收兑条款及其他方面都相同，仅有的差别是在特定时间，由于市场的不均衡，两种债券的价格不同，因此到期收益不同，这时出售较低收益的债券，同时购买较高收益的债券。当两种债券的收益趋于相同时，将得到资本盈余和较高的现时收益。两种换值的债券价格已经调整的时期叫作“有预期结果的时期”。短的有预期结果的时期可能仅为几天，就可以进行套利活动，其结果是市场很快趋于平衡，你就会获得利润了。当然，有预期结果的时期也可能长到到期日，使你的套利微乎其微，甚至亏损。

市场间价差调换是当投资者相信债券市场两个部门间的收益率差只是暂时出现时的行为。例如，如果公司债券与政府债券的现有价差被认为过大，将来会缩小，投资者就会从投资政府债券转向投资公司债券。如果收益率差确实缩小了，公司债券将优于政府债券。当然，投资者必须仔细考虑收益率差不同以往的原因是什么。例如，由于市场预期会有严重的衰退，公司债券的违约溢价可能会增长，在这种情况下，公司债券与国债间更大的价差也不能算有吸引力，只能将其简单地看作对风险增长的一个调整。

获得纯收益调换是以较高收益的债券替换较低收益的债券，目的是获得较高的回报，但投资者也因此而暴露在较高的利率风险之下。这种类型的债券互换不需要有预期结果的时期，因为假定持有新债券到期，不需要预测利率的变化，也不用分析债券价格被高估或低估。

（2）水平分析法

水平分析法主要集中在对期末债券价格的估计上，并以此来确定现行市场价格是偏高还是偏低，替换掉定价高的债券，或是用收益率高的债券替换掉收益率低的债券。

（3）应急免疫方法

这种方法实际上是一种兼有被动和主动因素的债券资产管理方法。其做法是只要主动管理可以获得有利的结果，就可以对债券资产实行主动管理。

（4）收益曲线顺势法

这种方法主要适用于短期债券。

选择合适的债券投资时机

债券一旦上市流通，其价格就要受多重因素的影响，反复波动。这对于投资者来说，就面临着投资时机的选择问题。机会选择得当，就能提高投资收益率；反之，投资效果就差一些。

债券投资时机的选择原则有以下几种：

1. 抢在其他人之前投资

在社会和经济活动中，存在着一种从众行为，即某一个体的活动总是要趋同大多数人的行为，从而得到大多数的认可。这反映在投资活动中就是资金往往总是比较集中地进入投资市场或流入某一品种。而一旦确认大量的资金进入市场，债券的价格就已经抬高了。精明的投资者就要抢先一步，在投资群体集中到来之前投资。

2. 投资者要顺势投资

追涨杀跌债券价格的运动都存在着惯性，即不论是涨或跌都将有一段持续时间。即当整个债券市场行情即将启动时，投资者可买进债券，而当市场开始盘整将选择向下突破时，可卖出债券。追涨杀跌的关键是要能及早确认趋势，如果走势很明显已到回头边缘再做决策，就会适得其反。

3. 在利率变动前投资

债券作为标准的利息商品，其市场价格极易受银行利率的影响。当银行利率上升时，大量资金就会纷纷流向储蓄存款，债券价格就会下降，反之亦然。因此，投资者为了获得较高的投资效益就应该密切注意投资环境中货币政策的变化，努力分析和发现利率变动信号，争取在银行即将调低利率前及时购入或在银行利率调高一段时间后买入债券，这样就能够获得更大的收益。

4. 在消费市场价格上涨后投资

关注通货膨胀的水平，物价因素影响着债券价格，当物价上涨时，人们发现货币购买力下降便会抛售债券，转而购买房地产、金银首饰等保值物品，从而引起债券价格的下跌。当物价上涨的趋势转缓后，债券价格的下跌也会停止。此时，如果投资者能够有确切的信息或对市场前景有科学的预测，就可在人们纷纷折价抛售债券时投资购入，并耐心等待价格的回升，则投资收益将会是非常可观的。

5. 在新券上市时投资

债券市场与股票市场不一样，债券市场的价格体系一般是较为稳定的，为了吸引投资者，新发行或新上市的债券的年收益率总比已上市的债券要略高一些，这样债券市场价格就要做一次调整。一般是新上市的债券价格逐渐上升，收益逐渐下降，而已上市的债券价格维持不动或下跌，收益率上升，债券市场价格达到新的平衡，而此时的市场价格比调整前的市场价格要高。因此，在债券新发行或新上市时购买，然后等待一段时间，在价格上升时再卖出，投资者将会有所收益。

债券投资的三大误区

在所有的投资产品中，大部分的投资者都会认为债券是最保值、最安全的投资选择。所以，债券一直是最受欢迎的投资产品之一。

现在市场上各类企业债券及记账式国债竞相发行，面对五花八门的债券品种，有些投资者就走进一些债券的投资误区。为了大家的投资安全，这里跟大家说说债券投资的三大误区，希望大家都能够走出这三个误区，免得造成投资损失。

1. 凭证式国债：不是只要买下来就可以赚钱的，投资不当也会“亏本”

由于凭证式国债具有风险低、收益稳定的特点，一直得到稳健投资者的欢迎。不过，凭证式国债投资并不是只要买下来就可以高枕无忧地获得收益，如果操作不当也会“亏本”。对于购买凭证式国债不到半年就兑现的投资者来说，除了没有利息收入之外，还要支付 1% 的手续费，这样一来，投资者的投资就会“亏本”；持有满半年而不满两年的则按 0.72% 计息，扣去手续费后，其收益率仅为 0.62%，而半年期扣除利息税后至少也有 1.656% 的收益。因此对于购买凭证式国债的投资者来说，两年内提前兑现是不划算的，一定要做长期投资的打算，不要太过于急功近利。

2. 记账式国债：并非持有到期最划算，要把握好在高点变现

对于普通的投资者而言，在确定所要投资的国债期限之前，首先要搞清楚何谓记账式国债，它与凭证式国债有哪些区别。记账式国债没有实物券，完全电子化操作，感觉买卖的是一串数字。记账式国债也拥有固定利率和期限，付息方式基本为一年一付或一年多付。到期之前，持有者可根据国

债市场变动情况自由选择卖出或买入。这种买卖的自由性是凭证式国债永远无法企及的。因此，对于急需用钱的投资者来说，可以在不损失利息的情况下提前变现，也可以通过国债回购在一天之内完成融资借款，这些都是凭证式国债做不到的。投资记账式国债逢高可抛、逢低可吸入的特点，使其拥有获取较高投资收益的可能。若不善投资，最坏的打算就是持有到期再兑付，获得固定的收益。

其次，投资记账式国债需看清发行方式。目前市场上有两种记账式国债，一种是银行间柜台记账式国债，通过95599在线银行的绑定，投资者可以自如上网或拨打95599电话银行进行操作。另一种就是在上海和深圳两个交易所流通的记账式国债，投资者可以在证券交易所买卖或通过95599在线银行银证通业务操作，其操作办法与股票买卖一样。值得注意的是，国债和股票买卖的单位手和股之间的换算要搞清楚。

最后，购买记账式国债要走出误区，并非持有到期最合算。投资者在选择国债品种时要明确自己投资期限的长短。目前柜台记账式国债的收益率水平比较适合于投资者进行长期投资。

3. 企业债券：普通投资者也能买

相对于国债，企业债券在普通投资者眼中更为神秘。实际上，企业债券也是一款不错的投资品种，投资者可以在证券市场上买卖交易。由于政府的高信誉度，在现实生活中，人们更愿意选择国债进行投资。其实只要选择得当，选择合适的企业债券也能够获得不错的收益。

企业债券的收益不享受免税，与储蓄存款一样要缴纳所得税，投资者在权衡投资收益时必须要考虑这一点。

只有走出误区，采取适当的投资方式，才能够在最大程度上获利。

第三节　既是保障也是理财：保险

什么人最需要买保险

如今的保险已经是越来越普及，但是我国的保险密度和深度仍旧很低，尽管现在的保险业发展很快，国家也全力支持，但还是因为受以前不规范的保险市场的伤害及经济和保险业的发展，导致国民的保险意识不是很高，因此人们现在依然对保险有一种潜在的需求。而到底什么人最需要买保险呢？

中年人：主要指的就是40岁以上的工薪人员，他们通常是上有老、下有小，还要考虑自身退休后的生活保障，所以说必须考虑要给自己设定足够的“保险系数”，使得自己可以有足够的能力来承担家庭责任，也是为自己晚年的生活提前做好准备。

高薪阶层：由于这部分人本身收入可观，又有一定数量上的个人资产，加之自然和不可抗力的破坏因素的存在，他们也急于寻找一种稳妥的保障方式，使自己的财产更安全。保险能为他们提供人身及财产的全面保障计划。

身体欠佳者：我国目前正在进行医疗制度的改革，就是在原有的职工负担一部分的医疗费及住院费的基础之上，一定要适当地加大职工负担的比例。这其实对于身体不好的职工而言，与公费医疗那个时代相比，还是有着很大的差别，所以他们迫切需要购买保险。

少数的单身职工家庭：通常单身职工家庭经济状况都不富裕，无法承受太大的风险，因而，他们也迫切需要购买保险。

岗位竞争激烈的职工：主要指的就是“三资”企业的高

级雇员和政府部门的公务员，通常他们比一般人更加有危机感，从而也会更需要购买保险，以寻求一种安全感。

如今随着人们生活水平的不断提高及保险意识的增强。现在的人寿保险也因此进入了千家万户。但是家中保单结构是否合理呢?

通常可以根据家庭成员的构成、年龄、职业、收入及健康状况为基础，然后再结合现有的保单，最终找出家庭保单最薄弱的环节（超买、不足和适度），把家庭的有限资金合理分流，以用来整合成较为合理的保障结构。

1. 以职业为线

通常城镇市民大多都在享受基本医疗保险，他们应选择医疗津贴、大病医疗保险，以弥补患病时的损失。事实上这一类险种具有缴费低、保障高的特点。倘若是没有基本医疗保险（如个体工商户、自由职业者等）的人群，风险保障显得更为重要，患病及意外事故不仅增加支出，还会导致收入急剧减少。因此，保障型寿险（住院医疗、大病医疗和意外伤害保险）首选，养老保险次之，以防范意料不到的疾病、灾害打击。当然，收入颇丰的家庭，可将部分资金购买投资型寿险，以期得到高额回报。

2. 以收入为线

家庭购买寿险毕竟要有一定的经济能力，通常寿险除保障功能之外，还有投资理财、储蓄的功能。一般工薪家庭可将全年收入的 10% 部分，用来购买寿险；家庭经济支柱更需在买保险时“经济倾斜”。

我们应该注意的是，保障型寿险适合任何人群，投资、储蓄型寿险则需量力而行，家庭保单应避免畸形现象，如巨额养老保险却无医疗、意外保险。合理组合家庭保单，防范家庭成员的风险，保障家庭资产安全、稳健地运作，是人们选择寿险的最大愿望。

3. 以家庭为线

比如一个三口之家，给孩子就应该首选学生健康险，由住院医疗、意外伤害、医疗三个险种组成，每年缴费大约在 60 元。而在孩子的成长过程中所遇到的疾病住院及外伤门诊费用都能获得赔偿。通常来说经济宽裕的家庭，还能够加投教育储蓄、投资型寿险为未来孩子生活“锦上添花”；所以说青年、中年人应该先要考虑养老、大病保险为主，因此同时要记住不要遗漏高保障的意外伤害险。

投保的基本原则

并不是保险买得越多越好，因为投保是需要成本的，其根本原则是早买，按需选择等。

1. 保险买得越早越好

早买保险更早地得到保障。一般情况下，25 岁以上、收入相对稳定的年轻人，就应开始考虑自己的养老计划了。为自己买一份保险，不仅保费相对不高，投资时间长，回报率大。

在年轻时，没有什么负担，经济压力比较小，缴费的压力也相对较轻。因为年龄越小，所需支付的保险费用也越少。而随着岁数增大，不仅受保障晚，经济压力大，更糟的是还可能被保险公司拒保。

2. 按需选择

每个人的需求不同，所以选择的种类也不同。例如，家庭中男主人是主要收入者，且从事危险程度较高的工作，则此家庭的首要保险就应该是男主人的生命和身体的保险。

市面上针对个人或家庭的商业险种非常多，选择适应自己的，才是最有必要的。

3. 优先有序

投保要重视优先有序原则，即重视高额损失，自留低额损失。人们购买保险一般要考虑两点：一是发生频率，二是风险损害程度。对损害大、频率高的风险要优先考虑投保。而且保险公司一般都有一个免赔额，低于免赔额的损失保险公司是不会赔偿的，所以对于那些较小的损失，自己能承受得了的，就不用投保了。

4. 诚实填写合同，及时合理变更内容

投保要填写保险合同，在填写合同时，要本着诚实的原则，病史不用隐瞒，以免在具体理赔时得不偿失。而且填写之前要看合同条款是不是很全面，通常情况下，我们应注意：常见的烧伤、撞伤等意外伤害是否被列入保险合同等。

5. 不要轻易退保

退保有以下损失：一是退保时往往拿回的钱少，往往只有全部保费的20%退给客户，可以说是损失惨重；二是万一以后又想投保新的保单，就要按当下的年龄计算保费，年龄越大保费就越高；三是没有了保障。

保险是给自己的人生做了一个全景的规划，关系着我们自身与整个家庭的未来。一份合理的保险投资，带来的将是

无法比拟的巨大保障。

别让保险成为你的负担

买保险本身是一件很美好的事情，但如果超出了自己的经济承受范围，投保就变成噩梦了。

购买保险要根据自身的年龄、职业和收入等实际情况，量力而行。适当购买保险，既要使经济能长时期负担，又能得到应有的保障。需要澄清的一个投保误区是，未必高收入就能随心所欲地大量买保险。一个人的保险支出水平其实与其本人的可支配收入成正比。大家在购买保险前，不妨用自己的可支配收入去除以自己的总收入，如果这个比重比较大，那么可以酌情多购买一些保险，反之则要谨慎了。

在某寿险公司的宣传点前，一位50岁左右的先生拿着近几年买的8份保单进行咨询，包括投资连结险、万能险、医疗险和意外险在内，每年交费近8万元，但他到现在也没有弄清楚自己到底买的是什么保险，这些保险会为他带来哪些好处。这位先生讲，这些保险都是熟人介绍买的。看得出，这位先生的经济状况的确不错，但像他这样年龄和家境的人最需要考虑的是个人的补充养老保险、重大疾病和医疗保险，以及其儿女的养老险，那些以分红为主的投资连结保险、万能保险并不适合他，但在代理人的劝说下就这样稀里糊涂买了这么多的保险。可见不少人依然缺乏对保险知识的了解。

从传统意义上讲，保险就是纯保障类保险，但伴随着保险行业的发展，除了很少一部分人只投基本保障功能的保险外，更多的人则倾向于买投资类保险。各家保险公司也因此而推出了各种侧重点不同的新产品，但最终都把重点放在“理财”上。一般来说，保险理财产品主要分为三类：分红险、万能险和投资连结险（简称“投连险”）。

1. 分红险投资策略较保守，收益相对其他投资险为最低，但风险也最低；分红险是长线投资，具有合同时间长、约束性强的特点，一般要等 5 年后甚至更长时间才开始体现出长线投资的优势。

2. 万能险设置保底收益，保险公司投资策略为中长期增长，主要投资工具为国债、大额银行协议存款、企业债券、证券投资基金，其特点是存取灵活，收益可观；万能险跟分红险一样具有长线投资的特点。所以这种特点就决定了投资者在购买时必须充分了解保险公司的资本实力和运营状况。

同时，关注保险公司的资金运作能力，如果资金运用能力不强，那么你的投资收益就有限。

3. 投连险的主要投资工具和万能险相同，不过投资策略相对激进，无保底收益，所以存在较大风险，但潜在增值性也最大。

理财专家表示，一般情况下，个人投资的合理配置应为：首先要余下10%的资金做应急；其余的90%分别为：投资类保险理财产品在个人货币资产中的比例应占30%；股票等高风险产品约占30%，银行储蓄约占30%。投保者可以根据这种比例，大致确定投资类保险的购买额度，只有适合自己的才是最好的。

在保险的同时进行投资是一项非常不错的理财计划，但其中利弊都有，投资者应慎重，量力而行很重要，不要让原本为保障自己而进行的投资变成了压迫自己的负担。

不同家庭如何购买保险

保险的功能不仅在于提供生命的保障，而且可以转移风险，规划财务需要，因此成为一种理财的方式。但随着保险业的发展，各保险公司的险种名目繁多，销售人员也是将自家的保险说得天花乱坠，让购买者无所适从，其实，不同的家庭可以“量体裁衣”，购买不同种类的保险。

1. 对于温饱阶层的家庭而言，经济支出有限，投保就应该先保家庭支柱

针对人群：工薪家庭，收入不高

对于收入不高的普通工薪家庭而言，如果一个四口之家年收入在 6 万元以下，保险的侧重点应该是大人。适合考虑险种为健康型保险，如意外伤害医疗险等。由于收入的大部分都用于家庭的日常生活开支和孩子的教育，为减轻经济压力，保险支出达到 10%左右就可以了。

2. 对于小康阶层的家庭来说，可以选择购买综合保险

针对人群：人到中年，收入稳定，有子女，有房有车有存款。

推荐保险组合：车险（费用型）+ 家庭综合意外保险（费用型）。

如 40 岁的张先生是个成功的个体经营者，年收入在 10 万元左右，孩子刚上幼儿园，妻子有工作，像这样经济压力比较小的家庭，受险人可将全家都包括，如可以为孩子投两全寿险、教育险、附加住院医疗、健康险等；为爱人投重疾终身寿险、附加住院医疗险等费用型的保险；为自己投分红型的重疾终身寿险、费用型的附加定期寿险和附加住院医疗等。

3. 对于比较富裕阶层的家庭来说，投保就应该以追求投资为目的

针对人群：退休在即，子女独立，积蓄丰厚。

推荐保险组合：家庭综合意外保险（费用型）+ 车险（费用型）。

对于这类人其财力相对而言比较丰厚，其规划重点是拥有高质量的晚年生活和将资产安全的传承。可以为自己投一些费用型及分红型的保险，如重疾终身寿险、附加住院医疗险，还可投一些理财型险种，如两全寿险、投资连结险等；为自己的爱人投一些重疾终身寿险、两全寿险、附加住院医疗险等；孩子可以投两全寿险、附加住院医疗等。其中万能险的选择不错，万能险的险种有两种，两全寿险和终身寿险。前者适合在晚年享用。后者适合资产雄厚的投资者，将来把资产定向免税转移给亲人等。

李嘉诚曾说：“别人都说我很富有，其实真正属于我个人的财富，就是给我和我的家人买了充足的人寿保险。”保险是一种未雨绸缪的科学计划，想给家庭买保险应多了解一些保险的基本知识。

签订保险合同时的注意事项

保险合同是投保人将来索赔的重要依据，签订时一定要认真仔细，据实以告。签订保险合同是投保过程中非常关键的一步，但很多投保者在读完合同以后还是不知所云。其实，看保险合同条款时，把握保单的要点是关键，一般情况下注意以下几方面内容就可以了。

1. 必须仔细核实保险合同上填写的内容

在填写合同中的投保人、被保人和受益人的姓名、身份证号码时一定要是自身情况的真实反映；投保单上是否是自己的亲笔签名，还有合同中的保险品种与保险金额、每期保费是否与要求相一致等。

李琦性格外向，酷爱旅行。她的足迹遍布了大江南北。2010 年底，李琦又一次决定利用年假赴云南旅行。

可不巧的是李琦在行前身份证不慎丢失。为了不耽误自己计划好的旅行，她特意赶到旅行社，询问是否可以用妹妹李冉的名义报名参加旅游活动。

在征得旅行社同意后，李琦缴纳了各种活动费用，办理了登记手续，并在旅行社保险代理处购买了《境内旅游人身意外保险》，保险费用 50 元，保险金额 25 万元，保险期限为：自旅游团出发时起至旅行结束时止，保险受益人是法定受益人。由于李琦以妹妹的名义参加旅行，在旅行社经办人员的指点下，她在保单被保险人的名字一栏里亦填写了妹妹李冉的名字。

李琦在随后的旅行团出游时，意外受伤，不治身亡，家人知道其死讯后悲痛欲绝，后发现李琦身前的投保单，于是要求保险公司赔付。认为其应当给付保险金额 25 万元。保险公司非常重视这项理赔要求，立即开始了仔细的审核。在核保过程中，保险公司了解到，被保险人是李冉，但真正的死者却是李琦。李琦冒其妹妹李冉的名义赴云南旅游，而真正的被保险人李冉至今安然无恙。于是在 2011 年 1 月，保险公司正式作出不予给付意外死亡保险金的决定。

面对保险公司的拒赔通知，李琦的家人非常愤怒，认为当时李琦的冒名行为是经过旅行社同意的，投保也是在相关人员的指点下才填写妹妹李冉的名字，这些都是有人证明事实存在的，不存在欺瞒的诚信问题。于是，李琦家人一气之下将该保险公司告上了法庭，最后，尽管法院判决原告胜诉，保险公司应该承担给付保险金的责任，并承担本案的诉讼费用，但原告也耗了不少精力。

综观本案，由冒名而导致的理赔困扰也恰恰证明了投保者缺乏对填写保单应有的严肃态度。

2. 耐心阅读合同条款中的保险责任条款

即保险公司在哪些情况下须理赔或如何给付保险金的条款。该条款主要描述了保险的保障范围与内容，关系到投保人的核心利益，一定要仔细查看，不可敷衍了事。

3. 阅读除外责任条款

该条款列举了保险公司不理赔的几种事故状况，因投保人的故意行为导致的事故，如自杀等。消费者购买保险后应避免这些情况的发生。消费者往往对此条款极不满意，尤其是在医疗险中，有些保险公司一旦被要求赔付，就依据该条款开出“除外责任书”推卸责任。

4. 看合同中的名词注释

此项内容所包含的名词解释是保险专用名称的正式的、统一的、具有法律效力的解释，主要是帮助投保人更清晰地理解保险合同的条款，是合同中必须含有的内容。在购买保险时，一定要看清、读懂这些名词解释，有的保险公司抠词抠句，有时只一字之差也可能得不到赔付。

5. 看合同解除或终止情况的规定或列举

这一条说明主要规定了双方的权利与义务，投保人或保险公司在何种情况下可行使合同解除权。保险公司有不能擅自解除或终止正在履行的合同的义务，而投保人则有可随时提出解除或终止合同的权利。

在整个合同履行期间，若发生纠纷或对合同产生异议，《保险法》规定：对于保险合同的条款，保险人与投保人、被保险人或者受益人有争议时，人民法院或者仲裁机关应当作出有利于被保险人和受益人的解释。

总之，保险合同是投保人将来索赔的重要依据，要全面维护自己的权益，就要对其慎重对待，彻底弄清楚保险条款的内容后再决定要不要签署。

快速获得理赔有绝招

许多人之所以不买保险，原因之一就是“投保容易理赔难”。理赔不及时不仅影响了保险消费者的利益，也使保险公司的信誉受到了损害。那么，一旦出险后，如何才能及时得到赔付?

其实保险公司的理赔还是比较快的，就看索赔人是否清楚理赔程序。

我们可以对以下案例加以分析：

在某年 9 月 10 日，广西壮族自治区桂林发生一起重大车祸，造成 7 人死亡、3 人受伤。死难者中包括一名上海交通大学学生，她曾在学校投保了中国人寿上海分公司一年期的重大疾病、寿险、住院医疗团体保险。

上海交通大学在获悉后，于 9 月 11 日向中国人寿报了案。中国人寿上海分公司接到交大学生工作部报案电话后，相关工作人员立即启动重大事件理赔处理程序，在交大老师的配合、支持下，迅速确定保险责任，简化理赔手续。

因中国人寿保险公司在云南还没有设立分支机构，9 月 16 日，中国人寿北京分公司派专人飞赴广西桂林，到现场处理这起理赔案，并很快将 30 万元理赔款送到了学生家属手中。

在这起理赔案中，上海交通大学及时报案确保了理赔的进行。此外，在进行取证调查时上海交通大学方面的配合也让索赔材料的核查进展顺利。由于该公司设立了重大事件理赔处理机制，虽然事故发生在法定节假日期间，但应对及时，赔偿还是进行得顺利快捷。

根据以上案例不难得出结论，要获得快速索赔，要做到以下几点：

1. 及时向保险公司报案

报案是保险索赔的第一个环节。一般情况下，投保人在发生保险事故后，要根据保险合同的规定及时报案，将保险事故发生的性质、原因和程度报告给保险公司。报案时间一般限制在10日内；报案方式有：电话报案、上门报案、传真式委托报案。

2. 符合责任范围

报案后，保险公司的业务员会考察客户发生的事故是否在保险责任的范围内，并予以通知。保险公司只对被保险人确实因责任范围内的风险引起的损失进行赔偿，对于保险条款中的除外责任，如自杀、犯罪和投保人和被保险人的故意行为造成的事故，保险公司并不提供保障。如客户对保险公司给予的回复不满意，也可以通过阅读保险条款、向律师咨询或拨打保险公司的电话要求进行再确认。

3. 提供索赔材料

索赔材料就是要求保险公司理赔的依据，主要有三类：一是事故证明，如意外事故证明、伤残证明、死亡证明等；二是医疗证明，包括诊断证明、医疗费用收据及清单等；三是受益人身份证明及与被保险人关系证明。

4. 注意事项

在向保险公司索赔时，需注意的三个问题：

（1）保险期限。根据保险合同，保险公司在约定的时间内对约定的保险事故负保险责任，这一约定时间就成为保险期限。即保险事故要求的索赔必须是发生在保险期限内，保险事故发生在保险期限内，索赔有效；保险事故发生在保险期限外，索赔无效。

（2）索赔时效。指法律规定的被保险人和受益人享有的向保险公司提出赔偿或给付保险金权利的期间。

《保险法》第二十七条的规定：人寿保险以外的其他保险的被保险人或者受益人，对保险人请求赔偿或者给付保险金的权利，自其知道保险事故发生之日起二年不行使而消灭。

人寿保险的被保险人或者受益人对保险人请求给付保险金的权利，自其知道保险事故发生之日起五年不行使而消灭。

（3）给付保险金。保险公司收到投保方给付保险金的请求后，对属于保险责任内的，应及时对其核定，并将核定结果通知投保方。在与投保方达成给付保险金额的协议后10日内，应履行给付保险金义务。

要求理赔并不难，关键是要了解自己所投保险的内容，要熟悉理赔流程。

不小心被忽悠买了保险怎么办

2010年4月10日，小刘让自己的姐姐帮自己去农业银行存24万元。可是没想到的是，小刘的姐姐在现场工作人员的一番建议之下，改买了一份保险公司的保险，而且于次日就要签订保险合同，约定被保险人是小刘。条款规定：假如被保险人身故，保险公司赔付105%保险金。

小刘得知之后，马上就起诉至法院，认为姐姐是受到了诱导投保，且合同未经她本人签署认可，所以请求退还保险费24万元，赔偿利息损失9432元。但是该保险公司则称，以前小刘也曾经让其姐姐代购过其他的保险产品，所以说这一次是因保险收益不好提出异议，购买过程中不存在诱导。

但是法院认为，该保险合同是以被保险人身故为保险金给付条件，因此依法须由被保险人书面同意，现在没有任何被保险人书面同意的材料，所以说这应该是一份无效的合同。

市民张女士在不久之前就经历了这样一场大风波。张女士在儿子过完生日之后，拿着生日时亲戚朋友给的钱还有过年的压岁钱一共约有5000元，到一家银行去存。当她在一个窗口存款的时候，营业员听说需要存1年定期的，就告诉她说有一种更为合适的理财产品，称只要投入资金，每年便有分红，比银行利息高出许多。张女士也没有问具体情况，觉得自己能多拿钱就是好事，于是就很快办了手续。到了单位上班和同事说起的时候，才得知自己是买了分红保险。第二天她到银行去问此事，那位营业员才承认所谓的理财产品就是保险，在张女士的要求下，最后办理了退保手续。

很多市民对这一规定恐怕并不知晓，就是："银行储蓄柜台人员不能误导销售保险产品。"

银监会出台的《关于进一步规范银行代理保险业务管理的通知》规定，商业银行应该合理授权营业网点代销产品的业务种类，而对于那些具有投资性的保险产品应在设有理财服务区、理财室或理财专柜以上层级（含）的网点进行销售，严禁误导销售与不当宣传。此外，代理保险销售人员要与普通储蓄柜台人员严格分离。

事实上，我们应该知道银行代售保险业务通常只是一种普遍现象，同时持有保险从业证书的银行员工能够在银行内销售保险。通过了解银保产品通常都具有一定营利性，但是在销售的过程当中，有不少的推销人员玩文字游戏、模糊关键字眼，客户稍不留意，很容易在未完全弄明白的情况下买回自己并不想买的保险。

如今随着商业银行与保险公司的合作不断地加强，银行代理保险业务得到了快速的发展，规模在不断地扩大，银行现在成为保险产品销售的主要渠道之一；银行开展保险代理业务，对提高商业银行的中间业务收入、满足个人多元化理财需求、提供投资渠道及拓宽保险公司经营渠道，扩大业务规模等方面均发挥了积极的作用。并且只要你利用得合理，银保产品也就能给客户带来一定的实际效益，而且比存款收益还要高。

那么，我们购买银保产品，是否就真的像推销中所说的“零风险”？业内人士对此谈道，只要是能够利用合理，银保产品会给客户带来实际效益，就像那些手头长期有余钱的客户，假如说购买一份分红型保险，会比存款收益更高。但是与储蓄相比来说，保险业务流动性通常都比较差，客户在约定期限内，不能够自由地支取本金，不然就会带来较大损失。

曾经有一位消协的工作人员表示，银行代售保险不可以片面地夸大投资收益水平，应如实告知保险责任、退保费用、现金价值和费用扣除等关键要素，否则就是侵害了消费者的知情权，误导消费者，消费者在遭遇保险陷阱后，可凭有力证据进行投诉。

不同阶段如何购买保险

不同的人生时期需要购买不同的保险。买少了，会影响保障；买多了，带来经济压力，影响生活质量。在本节就为大家推荐几种不同人生时期的不同险种。

1. 青年时期

人在青年时期，刚踏入社会，收入还不太稳定，这时最是需要迅速积累资金的时候，要为将来结婚、购置房产做准备。因此要求投资类型收益稳定，所以购买保险时最好选择保费较低的消费型保险，如意外保险、健康保险、定期寿险。

个人情况：小刘，女，23 岁，工作 3 年多，年收入 3

万元左右且单身。

专家推荐：个人综合意外险，社会医疗保险

推荐理由：年轻人充满活力，热爱运动，但一旦发生意外，没有太多的经济能力来支撑医药费的开支。而意外险属于消费型保险，用很低的保费就可以拥有一份回报高额的保障。所以买以上的两份保险是必不可少的。

2. 家庭时期

在人到中年，有了自己的家庭后，虽然收入处于上升阶段，但上有老，下有小，面临的风险也多了起来，而自己也慢慢变老。这时在投保时就应考虑整个家庭，具体如下。

（1）教育险。孩子还小，将来上学是一笔不小的开销，为筹措教育经费可以选择教育金等储蓄性的保险品种。为孩子的当前保险起见，还可以购买一些儿童保险的复合险种。这些险种能够覆盖孩子的教育、医疗、创业、成家、养老等，能有效保障孩子的方方面面。

（2）购买意外疾病险。自己是家里的经济支柱，所以也是重点的投保对象，首先，为避免遭遇不幸离世，为其购买人寿保险，所投保的寿险也会全额给付养老金。其次，为避免天灾，买意外疾病险，赔偿金将给家庭设置一个保险屏障。再次，可为其他家人选择重大疾病和医疗保险，以避免万一有人患病时对家庭经济造成冲击。

（3）购买养老保险。投资此类险种经济上有较大的自由度可以把握，因为此险种的产品有的是按年支付年金，有的是按月支付，总之可根据自己的偏好做出选择。每个人都有年老的岁月，在年轻时早做打算，为我们老了后的生活奠定基础，购买养老金类产品就是一种较好的选择。

在投资这些险种时，可对其进行适当分配，大人收入相当，就可以用收入的 30%购买保险，孩子用 10%的资金。

3. 养老时期

人到老了以后，子女都已成家立业，赡养老人的担子也逐渐移除，经济上没有什么负担了，但身子骨没有以前硬朗了，有可能患上各种慢性疾病，医疗费用是一笔不小的支出，为自己做好养老规划是必需的。不妨考虑购买医疗险。为以后可能的突发疾病早做打算。

此外，在前几个年龄阶段积累下来的积蓄都比较充分的情况下，还可以投资一些稳健型的理财产品。

购买保险就相当于规划自己的人生，规划好了，就省去了许多不必要的麻烦。

第四节　高风险高收益的理财：股票

股票怎样入市

近些年股市大热，而随着股指以愈来愈快的速度突破了一个又一个整数关口，沪深两市的新开户的股民数量也同样在急剧增加。那么新股民入市到底应该注意哪些问题呢？如何才能迅速地了解股市，逐渐成为一个成熟的投资者呢？

1. 入市的准备

想买卖股票吗？非常简单。只要你有身份证，当然你还需要有买卖股票的保证金。

（1）办理深、沪证券账户卡。持自己的个人身份证，就可以到所在地的证券登记机构办理深圳、上海证券账户卡。法人持营业执照、法人委托书和经办人身份证办理。

（2）开设资金账户（保证金账户）入市前，在选定的证券商处存入你的资金，证券商也就将为你设立资金账户。

建议你订阅一份《中国证券报》或《证券时报》。知己知彼，然后上阵搏杀。

2. 股票的买卖

事实上与去商场买东西所不同的就是，买卖股票你不可以直接进场讨价还价，而需要委托别人——证券商代理买卖。

（1）首先去找一家离自己的住所最近及一个你信得过的证券商，然后走进去，按照你自己的意愿、按他们的要求，填一二张简单的表格。假如你想要更省事的话，还能够使用小键盘、触摸屏等玩意儿，也可以安坐家中或办公室，轻松地使用电话委托或远程可视电话委托。

（2）深股采用“托管证券商”模式。股民通常在某一证券商处买入股票，在未办理转托管前只能在同一证券商处卖出。如果要从其他证券商处卖出股票，那么就应该先办理“转托管”手续。沪股中的“指定交易点制度”，与上述办法相类似，只是没有必要办理转托管手续。

3. 转托管

目前来说股民持身份证、证券账户卡到转出证券商处就可直接转出，然后凭打印的转托管单据，再到转入券商处办理转入登记手续：上海交易所股票只要是能够办理撤销指定交易和办理指定交易手续即可。

4. 分红派息和配股认购

（1）红股、配股权证会自动到账。

（2）股息通常是由证券商负责自动划入股民的资金账户当中。股息到账日为股权登记日后的第 3 个工作日。

（3）股民在证券商处缴款认购配股。缴款期限、配股交易起始日等以上市公司所刊《配股说明书》为准。

5. 资金股份查询

股民持本人身份证、深沪证券账户卡，到证券商或证券登记机构处，就可以查询个人的资金、股份及其变动情况。和买卖股票同样，如果你想更省事的话，还能够使用小键盘、触摸屏和电话查询。

6. 证券账户的挂失

（1）如果说账户卡遗失股民持身份证就可以到所在地证券登记机构申请补发。

（2）身份证、账户卡同时遗失股民持派出所出示的身份证遗失证明（说明股民身份证号码、遗失原因、加贴股民照片并加盖派出所公章）、户口簿及其复印件，到所在地证券登记机构更换新的账户卡。

（3）为保证自己所持有的股份和资金的安全，如果委托他人代办挂失、换卡，则需要公证委托。

7. 成交撮合规则的公正和公平

不论你身在何处，不管你是大户还是小户，你的委托指令都会在第一时间被输入证交所的电脑撮合系统进行成交配对。证交所唯一的原则就是：价格优先、时间优先。

8. 股票投资的关键在于如何选股

通常我们从事股票投资就是要买进一定品种、一定数量的股票，可是当我们面对交易市场上令人眼花缭乱的众多股票，究竟买哪种或哪几种好呢？这其中牵涉的问题有很多，事实上股票投资，关键就是在于解决买什么股票、如何买的问题。在这里我们首先给大家列举几条基本性的原则：

（1）学会选择各类股票中具有代表性的热门股。什么是热门股？这不好一概而论，通常而言在一定时期内表现活跃、被广大股民瞩目、交易额都比较大的股票常被视作热门股。由于其交易活跃，所以买卖容易，特别是在做短线的时候获利的机会也就会比较大，抛售变现的能力也较强。

（2）要选择那种业绩好、股息高的股票，其特点就是具有较强的稳定性。不管是股市发生暴涨或暴跌，都不大容易受影响，这种股票特别是对于做中长线的人最为适宜。

（3）学会选择知名度高的公司股票，而对于不了解其底细的名气不大的公司股票，应该持一种慎重的态度。不管是做短线、中线、长线，都是如此。

（4）学会选择稳定成长公司的股票，这类公司经营状况好，利润稳步上升，而不是忽高忽低，所以这种公司的股票安全系数较高，发展前景看好，特别适于做长线者投入。

如何确定最佳买入时机

股票价值的实现在于买卖，如何能在最佳时机买入优质的股票是每一个投资者关心的问题。

买股票主要是买未来，希望买到的股票在未来会涨。时间上是个很重要的因素。只要介入时间选得好，就算股票选得差点也会赚，但如果介入时机选得不好，即便选对了股价格也不会涨，而且有被套牢的可能。那么，投资者该如何把握股票的买入点呢？具体来说，可以根据以下几个方面来确定股票的最佳买入点：

1. 根据消息面判断短线买入时机

当大市处于上升趋势的初期出现了利好消息，就应及早介入；逢低买入是在当大市处于上升趋势的中期出现利好消息的时候。

2. 根据股盘基本面判断买入时机

看股市的大盘行情，如有反转，就坚决选择股票介入。

根据长期投资的个股的基本面情况，如业绩属于持续稳定增长的态势，那就完全可以大胆买入。

3. 根据 K 线形态确定买入时机

（1）底部明显突破时为买入时机

比如：W 底、头肩底等，在股价突破颈线点，为买点；在相对高位的时候，无论什么形态，也要小心为妙；另外，当确定为弧形底，形成 10% 的突破，为大胆买入时机。

（2）低价区小十字星连续出现时

底部连续出现小十字星，这表示股价已经止跌企稳，有主力介入的痕迹，若有较长的下影线出现更好，这说明多头位居有利地位，是买入的较好时机。重要的是：价格波动要不扩散而是趋于收敛，形态必须面临向上突破。

4. 根据趋势线判断短线买入时机

有以下几种情况

（1）中期上升趋势中，股价回调时止跌回升又不突破上升趋势线；

（2）股价向上突破下降趋势线后又回调至该趋势线上；

（3）股价向上突破上升通道的上轨线；

（4）股价向上突破水平趋势线时还是买入时机。

5. 短线买入时机根据成交量判断

（1）缩量整理时

股价久跌后变得价稳量缩。在空头市场，媒体上都不看好后市，一旦价格企稳，量也缩小时，也可买入。

（2）在第一根巨量长阳宜大胆买进

底部量增时，价格稳步盘升（即震荡上升，涨涨停停但还是在涨），此时投资者即会加入追涨行列中，放量突破后即是一段飙涨期，所以在第一根巨量长阳宜大胆买进，就可有收获。

6. 根据周线与日线的共振、二次金叉等几个现象寻找买入点

（1）周线二次金叉

当股价（周线图）经历了一段下跌后又反弹起来突破30周线位时，我们称此次金叉为“周线一次金叉”。实际上此时只是庄家在建仓而已，股民不应参与，而应保持观望的态度。当股价（周线图）再次突破30周线时，此时为“周线二次金叉”，这意味着庄家已经洗盘结束，即股价将进入拉升期，后市将有较大的升幅。此时投资者可密切注意该股的动向，一旦其日线系统发出了买入信号，就可大胆跟进。

（2）周线与日线共振

一周的K线反映的是股价的中期趋势，而一日的K线反映的是股价的日常波动，若周线指标与日线指标同时发现买入信号，该信号的可靠性便大增。如周线KDJ与日线KDJ产生共振，常是一个较佳的买点。日线KDJ变化快，随机性强，是一个敏感的指标，经常发出虚假的买卖信号，使投资者无所适从。此时只要运用周线KDJ与日线KDJ的共同金叉（从而出现“共振”），就可以过滤掉虚假的买入信号，找到高质量的真实的买入信号。不过，在实际操作时往往会碰到这样的问题：由于周线KDJ的变化速度比日线KDJ的慢，当周线KDJ金叉时，日线KDJ已提前金叉好几天了，股价也上升了一段，买入成本已经抬高。为此，激进型的投资者可选择在周线K、J两线勾头、将要形成金叉时就提前买入，以求降低买入成本。

介入的时机把握得不好是投资者没有赚到钱的通病，只有把握好介入时机才能取得预期盈利。

股市操作误区

其实在股市当中由于利益的驱动特别地强烈，所以几乎每一分每一秒都会有人在犯错误。

有句话是这么说的“错误是伟大的导师，要想让自己变得聪明，就要向错误和挫折学习”。

虽然说股市没有记忆，但是同类的错误始终在不断地发生。所以就需要我们弄清股市操作的通病，下面我们就来看一下股市的操作误区：

1. 错误地买卖习惯

股民通常依赖消息，指望别人替自己找到发财的路子，甚至别人怎么骗自己都信。而且经常随意操作，没有自己的理念与原则，选股靠蒙，靠赌运气，看着哪个顺眼买哪个，指望一朝蒙对一夜暴富。

过度操作，偶尔也就做对一两次便就认为自己是股神，追高杀低，成十成百次犯同一种错误，不断交学费而毫无长进，这样炒股的历史便是一部被套、等套、解套、又套……的历史。

2. 低效的资金管理

（1）滥买，总是听信“不将鸡蛋放在一个篮子”之类的片面之词，经常是东买一点西买一点，而通常几万块的钱买了十几只股票，最后会将账户弄成杂货铺。

（2）瞎买，无论是地雷股、冬眠股乱买一气，结果宝贵的现金没有生儿育女而是发霉变质，不断地缩水。

（3）不会空仓，不管是牛市还是熊市，一年四季都总是处于满仓的状态，最好的时机到来时却弹尽粮绝，春天到来之前自己却在冬天冻僵了。

事实上以上的这三点只能是低效的资金管理的三个表现，事实上还有一些别的方面需要引起我们股民的注意。

3. 控制不好不同波段位置的仓位

其实通常在人气极旺的时候，很多的新股民就迫不及待地入场，经历了几次小赢之后，就自我感觉非常良好，迅速作出满仓的决定，生怕资金放着浪费了利息，而不仔细判断大盘是处于波段底部、中部还是顶部，以致先赢后输。一些老股民，包括机构，也通常会因为对形势、政策、供求判断不准，在缩量的波段底部，人气惨淡的时候恐惧杀跌轻仓。

在放量的波段中部，人气恢复时从众建大半仓。而在放巨量的波段顶部、人气鼎沸时贪婪，追涨满仓。

4. 不恰当的时间管理

（1）不会等待合适的买入时机，通常当大盘步步走低的时候硬是要在冬天播种，结果颗粒无收还倒贴种子。

（2）不会选择合理的持股时间。很多股民总是应该中线持股时却坚持“短线是银”，往往在金稻刚刚长芽时便割青苗；或是盲目信奉“长线是金”，苹果熟透了也不知采摘，结果终点又回到起点。

（3）不会选择合适的卖出时机，曲终人散的时候仍然是流连忘返，总是会津津有味地饱食一顿，“最后的晚餐”之后却被庄家捉去埋单。

5. 热衷小差告别“黑马”

通常当大盘或个股经三大浪下跌见底后，主力为了拣回低价筹码，往往会反复震荡筑底，甚至将股价“打回老家去”。这个时候，很多的人通常心态“抖忽”，将抄底筹码在赚到几角钱小差价后就拱手相让；套牢者见股价出现反弹，便忙不迭地割肉，指望再到下面去补回来。有谁知道，主力通常在底部采取连拉小阳，或者是单兵刺探再缩回的手法建仓，通常是将底部筹码一网打尽后，再一路拔高，甚至创出新高，使“丑小鸭”演变成“小天鹅”。

现在有很多人就是因为贪图小差价而痛失底部筹码，甚至在走出底部时割肉，酿成了与“黑马”失之交臂的悲剧。

6. 总是患得患失，止损过晚

我们或许都明白这个道理，患得患失是人们通过成功之路上的一块绊脚石，如果你要想在股市中有自己的立足之地，那么就不得不搬掉它。

事实上大多数的人买进股票之后，总是抱着一种“非赚不卖”的念头，心往一处（上涨）想，劲往一处（上涨）使，而害怕考虑“亏损了怎么办”的问题，以至于指数或个股从顶部下跌5%~7%时，依旧死捂不放，执迷不悟，不甘心割肉认赔。哪怕指数、个股一跌再跌，也迟迟不愿作出反应，直到人气出现恐慌，损失扩大到难以承受的地步，才如梦初醒地杀跌出局。而此时，股价往往已接近底部，割肉不久，股价便出现了大涨。

7. 在反弹的时候孤注一掷

其实有的人在底部踏空，心态非常坏。总是当大盘反弹到中位的时候，就会手忙脚乱，急于凭印象补仓，全线买进以致在整轮跌势中不跌反涨的高价强势股，试图赌一下。孰知刚一买进，大盘反弹就夭折，所买的个股跳水更厉害，“整筐鸡蛋”全都被打碎。如果说适当分仓，买 3~5 只股票，还有获利个股与亏损个股对冲的机会。

事实上孤注一掷的做法是最不可取的，特别是在股市当中，我们要在前人的教训之下不断学习、成长，在股市中生存不可存有丝毫的马虎。

炒股就是炒心态

现在有不少的投资者总是在一味地精研各种技术图形，但是当了解了上市公司基本面之后，投资成绩依旧不怎么理想，原因更是多种多样，其中之一就是心态的问题，不会在恰当的时机舍弃，心中之结总也解不开。

进入股市的目的在于投资致富，切勿本末倒置，让股票害了你的人生。股票赚钱的机会永远在，今天没赚到，还有明天。为了不让你成为股市宿命输家，建设“今天没赚，永远还有明天”的观念和心态很重要。

错过买点没关系，股票向来是怎么上就怎么下，不怕没有低点让你买；这次没参与到多头行情没关系，股市操作是比气长，是场龟兔赛跑。依据经验，很少有进入股市的人赚了一次或赔了一次钱就永远退出的，乌龟是比气长的，沉住气很重要。许多操作股票失利的人，通常都是涨时追高、跌时止损卖低，或融资操作断头出现。为何散户永远被讥为“追高杀低”的一群，因为他们永远是在错过买点时自怨自艾，而忍不住追高，寄望能赚上一支涨停板，往往成为涨势末端最后一只套牢的白老鼠。而散户在股票套牢后，又常常受不了长期套牢亏损的心理压力，在跌势末端认赔出场。

心理学家认为，人的性格、能力、兴趣爱好等心理特征各不相同，并非人人都能投入“风险莫测”的股市中去的。据研究，以下几种性格的人不宜炒股。

1. 环型性格。表现为情绪极不稳定，大起大落，情绪自控能力差，极易受环境的影响，盈利时兴高采烈，忘乎所以，不知风险将至，输钱时灰心丧气，一蹶不振，怨天尤人。

2. 偏执性格。表现为个性偏激，自我评价过高，刚愎自用，在买进股票时常坚信自己的片面判断，听不进任何忠告，甚至来自股民的警告也当耳边风，当遇到挫折或失败时，则用心理投射机制迁怒别人。

3. 懦弱性格。表现为随大流，人云亦云，缺乏自信，无主见，遇事优柔寡断，总是按别人的意见做。进入股市，则为盲目跟风。往往选好的股号改来改去而与好股擦肩而过，后悔不迭。

4. 追求完美性格。即目标过高，做什么事都追求十全十美，稍有不足，即耿耿于怀，自怨自责，其表现为随意性、投机性、赌注性等方面多头全面出击，但机缘巧合的机会毕竟少，于是不能释怀。

有以上性格缺陷的人最好不要炒股，因为在遭受重大的精神刺激时，这些人容易出现心理失衡。因此，要控制赚赔的情绪，勿将不当的情绪影响自己和家人的生活。进入股市一定会赚会赔，如果你无法控制赚赔情绪，那请你“立即退出股市”！

需要强调，投资致富的目的是要带给自身和家人幸福，千万别落得财没发到，又将赚赔反复无常的情绪带给自身和家人痛苦，如果这样，不如做个老实人，过个平平凡凡的生活就罢了。

股民炒股的悲剧或身心健康损害，大多是不懂得自我心理调适。没有一颗“平常心”的人，对挫折的防御，对突变应付都缺乏应有的认识和分析，更缺乏心理承受能力，最容易造成经常性或突发性的“急性炒股综合征”，轻者怨天尤人、长吁短叹，产生恐惧、幻觉、焦虑、妄想等心理障碍，重则精神完全崩溃，而引发精神疾病或自寻短见。

事实上在股市当中几乎所有的人都遭受过套牢之苦。就算当时自己有一万个理由也一定要支持去买某只股票，但往往就被市场中不是理由的理由弄得美梦落空。通常处于市场的复杂环境之中，万一被套住，大多数人还是采取守仓之策，即使守住不动也总会有解套之日的，但是，如果一年两年五年都解不了套，资金的快速流动和增值就都是一句空话。守仓是一策，但不是上策。

其实股票炒作成败往往也就在于心态的调整，同样系于取舍之间，不少的投资者看似素质都非常高，但是他们因为难以舍弃眼前的蝇头小利，最后忽视了更长远的目标。炒股就是炒心态，其实股票成功者只是一年抓住了一两次被别的股民忽视的机遇。而通常机遇的获取，关键就在于投资者是否能够在投资道路上进行果断的取舍。因而进入股票市场后，大多数投资者资金都不会闲置，很多的投资者不是投资在这只股票上就是套在另一只股票上的。

由此可见，炒股的心态有多么的重要。学会舍弃，有的时候要比学会技术分析重要，而更重要的是要善于化解心中之结。

网上炒股八大注意事项

虽然网上炒股以其方便、快捷等优势赢得了越来越多的投资者的青睐，但作为在线交易的一种理财方式，其安全问题一直受到人们的关注。因此，掌握一些必要注意事项，对于确保网上炒股正确使用和资金安全是非常重要的。

如果想要在网上炒股，自己先要选择一家证券公司，如国泰君安、南方证券等。有了自己的股东代码后，你就可以在证券公司办理网上炒股业务。你可以根据具体证券公司的软件进行下载，比如，君安证券用的是大智慧，你只需到公司提供给你的网址上下载软件后就可以开始网上炒股了。

有些投资者由于自身防范风险意识相对较弱，有时因操作不当等原因会使股票买卖出现失误，甚至发生被人盗卖股票的现象。所以，笔者总结了网上炒股要注意的八个要点，以供读者参考：

1. 谨慎操作。网上炒股开通协议中，证券公司要求客户在输入交易信息时必须准确无误，否则造成损失，券商概不负责。因此，在输入网上买入或卖出信息时，一定要仔细核对股票代码、价位的元角分及买入（卖出）选项后，方可点击确认。

2. 正确设置交易密码。如果证券交易密码泄露，他人在得知资金账号的情况下，就可以轻松登录你的账户，严重影响个人资金和股票的安全。所以对网上炒股者来说，必须高度重视网上交易密码的保管，密码忌用吉祥数、出生年月、电话号码等易猜数字，并应定期修改、更换。

3. 注意做好防黑防毒。目前网上黑客猖獗，病毒泛滥，如果电脑和网络缺少必要的防黑、防毒系统，一旦被“黑”，轻者会造成机器瘫痪和数据丢失，重者会造成股票交易密码等个人资料的泄露。因此，安装必要的防黑防毒软件是确保网上炒股安全的重要手段。

4. 莫忘退出交易系统。交易系统使用完毕后如不及时退出，有时可能会因为家人或同事的误操作，造成交易指令的误发；如果是在网吧等公共场所登录交易系统，使用完毕后更是要立即退出，以免造成股票和账户资金损失。

5. 及时查询、确认买卖指令。由于网络运行的不稳定性等因素，有时电脑界面显示网上委托已成功，但券商服务器却未接到其委托指令；有时电脑显示委托未成功，但当投资者再次发出指令时券商却已收到两次委托，造成了股票的重复买卖。所以，每项委托操作完毕后，应立即利用网上交易的查询选项，对发出的交易指令进行查询，以确认委托是否被券商受理或是否已成交。

6. 关注网上炒股的优惠举措。网上炒股业务减少了券商的工作量，扩大了网络公司的客户规模，所以券商和网络公司有时会组织各种优惠活动，包括赠送上网小时、减免宽带网开户费、佣金优惠等措施。因此，大家要关注这些信息，并以此作为选择券商和网络公司的条件之一，不选贵的，只选实惠的。

7. 同时开通电话委托。网上交易时，遇到系统繁忙或网络通信故障，常常会影响正常登录，进而贻误买入或卖出的最佳时机。电话委托作为网上证券交易的补充，可以在网上交易暂不能使用时，解你的燃眉之急。

8. 不过分依赖系统数据。许多股民习惯用交易系统的查询选项来查看股票买入成本、股票市值等信息，由于交易系统的数据统计方式不同，个股如果遇有配股、转增或送股，交易系统记录的成本价就会出现偏差。因此，在判断股票的盈亏时应以个人记录或交割单的实际信息为准。

网上交易手续办好后，带上你的个人证件包括股东卡，到本地证券交易厅办理开户手续。最少存 1000 元，一次最少买 100 股。

其实在网上炒股之前，你所在的公司都会给你一个操作手册，其中会告诉你怎样看盘、看消息、分析行情等，非常多也非常详细，最好可以自己认真钻研。不要急于买股票！首先要学习。观望一段时间，感觉入门懂了再入市，设好止盈止损位！

在这里问一句两句，不能解决根本问题。想多学习一些炒股的基本知识，不妨去书店转转，重要的是选好个股，买基本面好又超跌的股票，买价值被低估的个股，股价低有补涨要求，在底部放量；蓄势待发的股票可以适当介入消费、零售业、能源、医药行业是投资热点。

当然如果自己感觉看不太懂，你可以每天关注各个地方电视台的股评，他们也会告诉你一些分析的方法。同时购买证券报或杂志，早点入门。

炒股要有全局观念

对于广大的股票投资者而言，值得去借鉴一些体育比赛的经验，要从全局入手。炒股也应该要有全局的观念，因为只有那些具有全局观念的投资者，才能够成为股市当中真正的赢家。

在实际操作当中，全局观念主要体现在两个方面：

其一，重个股，更要重大势。近年来，股市里有一种非常流行的说法，叫作“轻大盘，重个股”，又说“撇开大盘炒个股”。事实上，这种说法是非常片面的。在大盘不稳的情况下，想要冒险出击，在看重个股的同时，首先更应看重大盘的走势。虽然当大盘处在一个相对平稳或者是稳步上扬的市况下时，这种说法具有一定的可行性，但在单边下跌特别是急跌的市道里，这种做法无疑是非常荒谬的。

其二，重时点，更要重过程。在股市里，投资者是比较注重股票在某一时间里的价格的，如最低点和最高点、支撑位和压力位等。这些点位当然很重要，但相对于股指或股价运行的全过程来说，这些又不是最重要的了。也许在强势上扬的市道里，那最高点之上还有最高点，那压力位根本就没有压力；而在弱势下跌的市道里，情况正好相反。又如，沪指 1800 点下方，被视为是空头陷阱，跌破 1800 点，大盘会孕育反弹。然而既然只是反弹，那投资者就没有必要抱太大的希望，更加没有必要重仓出击。相反，如果是反转那就大不相同了，投资者大可满仓介入，不赚大钱绝不收兵。而不少炒股强人总结了以下几个实战技巧：

1. 超跌反弹的技巧

这是一些老股民喜欢的一个操作方法，主要是选择那些连续跌停，或者下跌 50% 后已经构筑止跌平台，再度下跌开始走强的股票。

所谓“物极必反”，指的是事情到了一个极限就会出现逆转，所以对于持续下跌的股票，我们应该重视。

2. 追强势股

这是绝大多数散户和新股民追求的一个方法，最常见的方法有三：强势背景追领先涨停板，强市尾市买多大单成交股，低位连续放大量的强势股。

追强势股是民间炒股的一种技巧，这招对于炒股经验不多的股民来说十分有用，应该引起股民的广泛重视。

3. 经典形态的技巧

这是一些大户配合基本面、题材面的常用方法，最常用的经典形态有：二次放量的低位股；回抽 30 日均线受到支撑的初步多头股；突破底部箱体形态的强势股；与大盘形态同步或者落后一步的个股。

这些都是建立在大盘成交量够大的基础上的，对于资金比较少的股民来说，这个技巧要慎用。

4. 资产重组的技巧

资产重组是中国股市基本面分析的最高境界，这种技巧需要收集上市公司当地党报报道的信息，特别是年底要注意公司的领导层变化与当地高级领导的讲话，同时要注意上市公司的股东变化。

股民不仅要时常关注股市的行情，对于所买股票公司的运作也要有一定的了解，这样才能加强自己所购股票的安全性。

5. 环境变化的技巧

环境对于事情变化的影响是不可小觑的，可以说环境和时间阶段不同，上市公司流行的基本面也不同。

股民对环境需要特别注意，因为环境的变化关系到你的股票价格，也关系到你的切身利益。

6. 成长周期的技巧

成长周期也是民间炒股技术中的一个技巧，对于特定的人来说也是非常有效的，可以一试。

它是部分有过券商总部和基金经历的人喜欢的方法，因为这种信息需要熟悉上市公司或者有调研的习惯。一般情况下，这种股票在技术上容易走出上升通道。如果发现上升通道走势的股票要多分析该股的基本面是否有转好因素。

7. 技术指标的技巧

一些痴迷技术的中小资金比较喜好这个方法，最常用的技术指标有三，强势大盘多头个股的宝塔线，弱市大盘的心理线（做超跌股），大盘个股同时考虑带量双 MACD。

这三个技术指标是比较有效的民间炒股技术方面的技巧，衡量自己的情况，可以选用这些一试。

8. 扩张信息的技巧

有时候有的上市公司存在着股本扩张或者向优势行业扩张的可能，这种基本面分析要在报表和消息公布前后时期。

这种扩张信息的技巧并不是每个人都可以选用的，选用需要具备一定的条件，还要信息比较灵通，但是很大程度上能够促使人们在股市上获得胜利。

五大素质教你成为股市达人

要想在股市里混得开，就要懂得锻炼自己，以下是几点需要锻炼的达人素质：

素质一：注意循序渐进

不要幻想着自己一夜之间就练成股市中的“绝世武功”，然后就战无不胜了。投资水平的真正提高，很多时候都必须经历市场的磨炼，需要有领悟的时间过程。

所以你在股市的“功力”是需要很长时间才能够练就出来的，不是一朝一夕就可以的。

循序渐进就是指你要想成为股市高手，就必须经过一段时间的磨炼才能达到。

素质二：有独立思维，不随大流

历史上，能够成就一番事业的人莫不具有自己的独立思维和想法，随大流的人什么时候也不可能闯出一片属于自己的天地。

投资者学习和应用投资技巧时，要从实际出发，根据自己的素质、经验和资金条件，选择适合自己并符合目前市场行情变化的投资方法，才能发挥最大的投资效果。

素质三：注意取长补短

我们都知道，每个人都有自己的长处，同时也绝对有自己比不上别人的短处，没有一个人能够只具备长处而没有短处的。所以，投资者要明白这一点，要想成为股市的高手，首先应该注意取长补短。

投资者自己已经掌握了哪些投资理念、技术指标、投资技巧、方法，自己拥有了什么投资工具。自己的长处在哪里，如何更好地发挥；自己的薄弱环节在哪里，如何补充学习。通过不断取长补短的学习,使自己的投资技能体系日益完善。

素质四：股市舍得之道

人们的好恶之情与使用心理决定了取舍，比如像乌鸦未必坏，可人们心理上总觉得不好而不喜欢；有时感情尚处于悲伤或喜悦状态，这种情绪也移之于物，对人对物同样存在这种问题。而在证券市场中，投资者也往往凭借自己感性上的喜好进行投资，由此而导致自己感觉良好，股票天天下跌的局面。其实，我们对于事物不要太主观。需用冷静的头脑去思考，然后判断对错。如果能去掉私心杂念，冷静思考，就会明白。万物都是根据规律而形成的，我们不可凭主观见解随意区分对错。同样不可只凭主观臆断，凭一时的好恶按自己的忧喜取舍，这样就能在市场中保持一个好的心态，而真正做到有舍有得，取舍自如。

难怪古人曾说：放得下功名富贵之心，便可脱凡；放得下道德仁义之心，才可入圣。要做到“超凡入圣”就需要先放下，要舍去；这样才能有收获，能得到。所以，股市的“取舍”之道特别重要，是股市获利的必要条件之一。

素质五：要持之以恒

中国有句老话，叫作“坚持就是胜利”，无论我们做什么事情，都是贵在坚持，对于股市来说也是如此。那些自以为学有所成，因而故步自封的投资者，总是将以往的老套路沿用到已经改变的市场中，而不愿及时学习适应市场新变化的新理论、新技巧的投资者，终将被市场所淘汰。

股市是一个日新月异的市场，无论是理论技巧，还是策略方法都不可能永远有效，学习是一个不断持续的过程。

抢反弹五大定律

其实反弹就是在股票市场价格连续下跌一段时间后，通常就会有一个小幅的回升，这种在下跌趋势下的回升就称为“反弹”，而抢反弹指的是在股票回升的时候抢购股票的行为。下面我们就来了解一下抢反弹的五大定律：

1. 抢点定律

抢反弹一定要抢到两个点：买点和热点，这两者缺一不可。因为反弹的持续时间不长，涨升空间有限，假如没有把握合适的买点，就不可以贸然追高，以免陷入被套的困境。

除此之外，每次参与的反弹行情当中必然有明显的热点，热点板块也就很容易激发市场的人气，引发较大幅度的反弹，主力资金往往以这类板块作为启动反弹的支点。通常热点股的涨升力度强，在反弹行情中，投资者只有把握住这类热点，才能真正抓住反弹的短线获利机会。

2. 弹性定律

股市下跌就像皮球下落一样，跌得越猛，反弹也就会越快；跌得越深，反弹就会越高；缓缓阴跌中的反弹通常是有气无力，缺乏参与的价值，而且操作性不强；但是在暴跌中的报复性反弹和超跌反弹，因为具有一定的反弹获利空间，所以具有一定的参与价值和可操作性。

因此，长期在股市奋战的股民要特别注意这一点，须知“月满则亏”；另外，这一条弹性定律对于初涉股市的人来说更为重要，不要因为看到自己手中持有的股票的价格稍稍下降，就急着抛出，这样做是极为不科学和不理智的。

3. 决策定律

投资决策通常以策略为主，以预测为辅。反弹行情的趋势发展通常不是很明显，行情发展的变数较大，预测的难度较大，因此，参与反弹行情一定要以策略为主，以预测为辅，当投资策略与投资预测相违背的时候，要依据策略做出买卖决定，而不能依赖预测的结果。

没有人敢肯定预测得百分之百正确，所以在紧急关头，我们还是要当机立断，以决策为主，不要执迷不悟，以预测为希望。

4. 时机定律

买进时机要耐心等、卖出时机不宜等。抢反弹的操作和上涨行情中的操作不同，上涨行情中一般要等待涨势结束时，股价已经停止上涨并回落时才卖出，但是在反弹行情中的卖出不宜等待涨势将尽的时候。

抢反弹操作中要强调及早卖出，一般在有所盈利以后就要果断地卖出；如果因为某种原因暂时还没有获利，而大盘的反弹即将到达其理论空间的位置时，也要果断卖出。因为反弹行情的持续时间和涨升空间都是有限的，如果等到确认阶段性顶部后再卖出，就为时已晚了。

5. 转化定律

反弹未必能演化为反转，但反转却一定由反弹演化而来。

一轮跌市行情中能转化为反转的反弹只有一次，其余多次反弹都将引发更大的跌势。为了一次反转的机会而抢反弹的投资者常常因此被套牢在下跌途中的半山腰，所以千万不能把反弹行情当作反转行情来做。

这是股民特别需要注意的一点，不要以为股票下跌就一定会反弹，如果发现情况不对，你要及时调整，以免被套牢。

第五节　靠专家投“基”理财：基金

如何把握基金赎回时机

1. 确定资金的投资期限。建议至少半年之前就关注市场时点以寻找最佳的赎回时机，或先转进风险较低的货币基金或债券基金。

2. 有计划性的赎回。如果投资者因市场波动而冲动赎回。却不知如何运用赎回后的资金，只能放在银行里而失去股市持续上涨带来的机会。

3. 获利结算时可考虑分批赎回或转换至固定收益型基金。如果不急需用钱，可以先将股票基金转到风险较低的货币市场基金或债券基金作暂时停留，等到出现更好的投资机会再转向更好的。如急需用钱，市场已处于高位，不必一次性赎回所有基金，可先赎回一部分取得现金，其余部分可以等形势明朗后再做决定。

如何选购基金

人们常说，做事要有目标，只有有了目标，才可以保证不断前行。选购基金也是一样，也需要了解自己的理财目标。因年龄、收入、家庭状况的不同在投资时每个人会有不同的考虑。

那么应该怎么选购基金？

1. 确定资金的性质

投资前最好要保留 3~6 个月的日常费用，剩余的钱才可能用来考虑投资。进行投资，考虑到收益的同时也要考虑风险。

如果将日常家用的钱全数用作投资，就很难保持投资的平静心态，而且风险太大。所以说确定资金的性质，也是选购基金的一个重要的原则。

可以选择“三好基金”。所谓“三好”基金，第一是好公司和好团队。考察一家公司首先要看基金公司的股东背景、公司实力、公司文化及市场形象，要考察管理团队，主要看团队中人员的素质、投资团队实力及投资绩效。同时还要进一步考察公司治理结构、内部风险控制、信息披露制度，是否注重投资者教育等。

第二是要看好业绩。首先要看公司是否有成熟的投资理念，是否契合自己的投资理念，投资流程是否科学和完善；是否有专业化的研究方法、风险管理及控制，公司产品线构筑情况等。其次看公司的历史业绩。虽然历史投资业绩并不表明其未来也能简单复制，但至少能反映出公司的整体投资能力和研究水准。

市场上表现优秀的基金公司，有着在各种市场环境下都能保持长期而稳定的盈利能力。好业绩也是判断一家公司优劣的重要标准。此外，选择基金时还要关注那些风格、收益率水平比较稳定、持股集中度和换手率较合理的产品。

第三是好服务。从交易操作咨询、公司产品介绍到专家市场观点、理财顾问服务等，服务质量的高低也是投资者在选择基金时不容忽视的指标。作为代客理财的中介服务机构，基金公司的重要职责之一就是提供优质的理财服务。

投资人在准备买基金前，除了要考虑资金的性质、自身的投资目标和风险承受能力外，还应该考虑哪种方式对自己最适合。

由于基金运作方式采取的是投资组合方式，看重投资标的的长期投资价值和成长性，在控制风险的基础上，追求基金资产的长期回报和增值。所以投资者不必过于关注市场的短期波动，通过中长期投资，以分享经济成长所带来的收益。

2. 确定资金使用的期限

开放式基金可以每天申购赎回，但是投资基金应该考虑中长期，最好是 3~5 年，甚至更长。

投资人在考虑投资时，最好首先确定这笔资金可以使用的期限。如果是 3~5 个月的闲置资金，应该考虑的是风险相对较小、流动性较好但收益也比较低的基金品种。但如果是为尚年幼的孩子积攒上大学的费用，可以考虑一只以长期资本增长为目的的基金产品。

如何判断赚钱的基金

买基金不怕贵的只挑对的，判断一只基金的赚钱能力，比较简单的做法是比较基金的历史业绩，即过往的净值增长率。

目前各类财经报刊、网站都提供基金排行榜，在对收益率进行比较时，我们要关注以下几点：对同种类型基金的收益率提供了同种类型的比对，也就是苹果对苹果式的比较。

1. 业绩表现的持续性。投资者在对基金收益率进行比较时，应更多地关注 6 个月、1 年乃至 2 年以上的指标，基金的短期排名靠前只能证明对当前市场的把握能力，却不能证明其长期盈利能力。基金作为一种中长期的投资理财方式，应关注其长期增长的趋势和业绩表现的稳定性。从国际成熟市场的统计数据来看，具有 10 年以上业绩证明的基金更受投资者青睐。

2. 投资者在评价一只基金时，还要全面考察该公司管理的其他同类型基金的业绩。“一枝独秀”不能说明问题，“全面开花”才值得信赖。因为只有整体业绩均衡、优异，才能说明基金业绩不是源于某些特定因素，而是因为公司建立了严谨规范的投资管理制度和流程，投资团队整体实力雄厚、配合和谐，这样的业绩才具有可复制性。

3. 风险和收益的合理配比。对于普通投资者来说，这些指标可能过于专业。投资的本质是风险收益的合理配比，净值增长率只是基金绩效的外在体现，要全面评价一只基金的业绩表现，还需考虑投资基金所承担的风险。考察基金投资风险的指标有很多，包括波动幅度、夏普比率、换手率等。

实际上一些第三方的基金评级机构就给我们提供了这些数据，投资者通过这些途径就可以很方便地了解到投资基金所承受的风险，从而更有针对性地指导自己的投资。专业基金评级机构如晨星公司，就会每周提供业绩排行榜，对国内各家基金公司管理的产品进行逐一业绩计算和风险评估。

稳健的基金“定投”方式

面对股市行情的跌宕起伏，不少“基民”开始趁着股市大调整时逢低买入基金。基金交易基本上处于净申购状态，其中多数投资者将基金定投作为理财的首选。

股市不断下跌，使得不少基金的净值又下来了，尤其是前期分过红的优质基金，面值达到了 1 元左右，这符合市民喜欢购买 1 元钱左右的基金的要求，因此基金申购量呈现出增多趋势，特别是基金定投成为投资者的新选择。业内人士分析，股市的大调整让基民感受到了什么是风险，基金成为投资者追求稳健的投资项目。

1. 帮助月光族理财

如今，不少刚刚参加工作的年轻人由于不会合理理财，每个月的工资不到月底就花光了，被人们称为“月光族”。他们觉得，每个月的工资收入虽然不低，但是每月除去交房租、请客、购物之后，所剩的钱也不多了，依靠每个月攒的这笔钱根本实现不了买车买房梦，因此觉得还不如好好享受一下生活。其实收入的高低并不是真正的问题，即便每个月工资结余不多，如果选择合适的投资工具和理财方式，不仅可以培养自己的理财习惯，还能够积累一笔不小的财富。

基金定投是个不错的选择，这种理财方式既不会影响生活质量，还能够在财富累积的同时，逐步改掉月月光的消费习惯，是个一举两得的好方法。现在很多人，特别是一些年轻人对于日常开支都没有一个明确的规划。发了工资会疯狂地买名牌、吃大餐，不到月底就开始企盼发薪日的到来，甚至出现了借钱消费的情况。但是随着年龄增长，适当的财富储备也是很有必要的。从某种程度上说，基金定投平均成本和分摊的风险都比较低。除了月光族，由于工作繁忙、无暇关注投资市场，却也想实现财富累积的人们就可以加入这一行列中来。

一项统计显示，定期定额只要投资超过10年，亏损的概率接近零。显然，在A股市场长期牛市格局中，基金定投将有望帮助投资者更好地分享长期牛市的良好收益。投资者在选择基金定投时，第一，要选对基金。相对于基金规模、基金风格、量化指标和基金评级等因素，基金管理者的投资思想和投资行为是非常重要的因素，因此选择基金，可以重点看基金投资管理团队的稳定性，基金经理是否具备丰富的投资管理经验，经历过不同市场阶段的考验；基金管理团队是否重视衡量风险因素，风格不过于激进；基金长期历史业绩如何，是否具备良好的第三方评级；是不是所属基金公司的旗舰产品等。

第二，要尽量遵守基金定投的三个规律，即及早投资、长期投资和复利再投。

第三，要避免犯基金定投的两大戒律，即因恐惧而暂停、因上涨而赎回。因为基金定投必须通过长期持续投资才能实现以时间换空间的财富积累效果。因此，在选择基金定投产品时，要在充分考证基金公司是否具备长期的可持续发展的能力的同时，还要看基金产品的收益是否稳定并且具有一定弹性，能够充分利用复利效果。

第四，要对基金定投所需的费率精打细算，及时了解银行在基金申购费率的优惠活动。投资者在优惠活动期间申购可以减少一笔支出费用。

2. 小钱变大钱

30 岁的刘女士在一家私企上班，在理财师的推荐下，她购买了博时价值增长基金和东方精选基金，每月分别定投 500 元。“听说基金定投可以分散风险，我就尝试着买了 2 只”，刘女士说。

对于很多人来说，“基金定投”可能还是个新鲜词，但是许多人对银行存款“零存整取”肯定不陌生。基金定投其实就是另一种方式的零存整取，不过是把到银行存钱变成了买基金：每月从银行存款账户中拨出固定金额，通常只要几百元购买基金。据业内人士表示，基金定投不仅可以让长期投资变得简单化，减少在理财规划上面花费的时间和精力，也会减少长期投资的波动，让投资者轻松解决养老规划和子女教育经费等问题，真正发挥积少成多的效果。

举例来说，假定投资在报酬率为 6% 的产品上，如果 35 岁开始做退休规划，投资至 59 岁，那么每月只需投入 177 元，退休后即可每月领取1000元。点滴积累，定投的投资方式是不论市场的情形如何波动，都会定期买入固定金额的基金，当基金净值走高时，买入的份额数较少，反之较高。长期以来，时间的复利效果就会凸显出来，不仅资金的安全性较有保障，而且可以让不起眼的小钱在长期累积后成为可观的一笔财富。

3. 分散风险

在股票市场长期牛市未改、短期震荡可能加剧的情况下，投资者心里没有把握，但是他们又不想错过行情，在这种情况下，可以选择基金定投，将风险分散到每个月。基金定投作为分散风险、获取长期收益的基金投资方式，不仅使投资变得简单，参与定投的手续也非常简单。基金每月扣款的最低额度为100~200元，门槛非常低。

如果一个人平时只有小钱但是在未来却要应对大额支出的话，可以选择定期定投的方式进行投资，诸如年轻的父母为子女积攒未来的教育经费，中年人为自己的养老计划存钱等。

有时候一些投资者为了急用，中止或者赎回多年的定期定额基金投资，损失也不小。

投资者可以考虑同时定投不同性质的基金，如货币型基金和债券型基金，组成一个定投组合，在万一出现急需用钱的时候，可以先赎回货币型和债券型基金及持有股票比重相对较小的基金。

基金不是拿来炒的

基金是一种很好的理财工具，而不应该像“炒股票”那样“炒基金”。不少投资者习惯将基金当作股票来“炒”，在净值下跌的时候申购，在净值上涨的时候赎回。

基金坚持高分红既是为了方便广大基金持有人，为持有人节省赎回和申购的交易成本，得到实实在在的回报，同时也可以使基金持仓不断更新，保持活力和后劲，更为重要的是，要向基金持有人传递这样一种理念，“基金是一种很好的理财工具，而不应该像‘炒股票’那样‘炒基金’”。

国内理财市场经过多年发展，已经有涵盖多个层次的多种理财方式可供投资者选择，包括银行存款、货币市场基金、国债、平衡型基金、股票型基金，以及自己投资股票等。基金属于专家理财，利用基金经理的专业优势，投资者即可在控制风险的前提下，无须劳心费神就可获得较高的收益水平。自己投资股票的收益率可能是最高的，但同时面临的风险却是最大的，而且需要投资者自己动手，投入不少的时间和精力。

始于2000年7月的熊市已经于2005年6月结束，中国的经济将在2025年以前保持稳定快速增长，中国股市已经具备长期投资的土壤。现在出现了一个较为奇怪的现象，一些投资者将基金当作股票来“炒”，在净值下跌的时候申购，在净值上涨的时候赎回。但部分投资者由于没有踏准节拍，不仅没有分享到基金的收益，甚至还可能亏了不少。这种情况的症结之一是股权分置问题，由此带来的系统性风险导致了基金净值与大市齐涨齐跌。

而股权分置问题得到解决以后，系统性矛盾得到解决，非流通股股东和流通股股东的利益趋于一致，上市公司的质量得到提升，基金经理将有更多发掘优质上市公司的机会。

某业内人士表示，投资者的这种心态可以理解。此前，基金净值跟随大市齐涨齐跌的情况十分普遍，很多投资者都沉不住气。建议投资者买基金应该抱有买商铺一样的态度。

投资者买了商铺以后，只要具有稳定的租金收入，即使商铺的价格涨了，投资者也不会轻易将其转让；作为一种理想的理财工具，基金也一样可以给持有人带来持续的现金流，投资者又何必频繁地申购赎回呢？

另外，投资者应该合理配置自己的金融资产。假如某投资者有 10 万元金融资产，那他可以将 1 万元存在银行，1 万元购买国债，1 万元购买货币市场基金，1 万元用于投资股票，剩下 6 万元用于购买平衡型或者股票型基金。但不能将所有的 6 万元都投资于一只基金，而应该多买一些基金，这样心态就会平和一些，不会因为某只基金净值的短期波动而坐立不安，导致频繁地申购赎回，浪费时间精力和手续费，收益率还未必有保证。

当然，这对基金公司提出了更高的要求，一方面不能让净值波动过大，另一方面要有持续稳定的分红，只有这样，才能借此扭转部分持有人对基金的看法，真正将基金作为一种优秀的理财工具来看待，而非拿来像股票那样“炒基金”。

购买基金不可不知的风险

大家都明白只要是投资就会有风险，基金也不例外。基金投资分散风险，但并非绝无风险，不同种类的基金，其风险程度各异。如积极成长型的基金较稳健成长型的基金风险大，投资科技型股票的基金较投资指数型基金风险大，但投资风险大的基金收益也比较大。

投资者一旦认购了投资基金，其投资风险就只能由投资者自负。基金管理人只能替投资者管理资产，他们不承担由于投资而导致的各种风险。投资基金的特点在于由专业人士管理，进行组合投资，分散风险，但也并非绝无风险。

因此，我们应了解基金投资中可能出现的风险。通常来说，投资者购买基金的风险主要有以下几个方面：

1. 机构运作风险。开放式基金除面临系统风险外，还会面临管理风险（如基金管理人的管理能力决定基金的收益状况、注册登记机构的运作水平直接影响基金申购赎回效率等）、经营风险等。

2. 流动性风险。投资者在需要卖出基金时，可能面临变现困难和不能在适当价格变现的困难。由于基金管理人在正常情况下必须以基金资产净值为基准承担赎回义务，投资者不存在通常意义上的流动性风险，但当基金面临巨额赎回或暂停赎回的极端情况下，基金投资者可能无法以当日单位基金净值全额赎回，如选择延迟赎回则要承担后续赎回日单位基金资产净值下跌的风险。

3. 不可抗力风险。主要指战争、自然灾害等不可抗力发生时给基金投资者带来的风险。

4. 申购、赎回价格未知风险。对于基金单位资产净值在自上一交易日至交易当日所发生的变化，投资者通常无法预知，在申购或赎回时无法知道会以什么价格成交。

5. 基金投资风险。不同投资目标的基金，有不同的投资风险。收益型基金投资风险最低，成长型基金投资风险最高，平衡型基金居中。投资者可根据自己的风险承受能力，选择适合自己财务状况和投资目标的基金品种。

了解了基金投资的风险，就要想方设法防范这种风险，避免给自己造成投资的损失。对于我国的投资者来说，可以运用下面的几种方法来规避基金投资的风险。

1. 进行试探性投资。“投石问路”是投资者降低投资风险的好办法。新入市的投资者在基金投资中，常常把握不住最适当的买进时机。

对于很多没有基金投资经历的人来说，不妨采取“试探性投资”的方法，可以从小额单笔投资基金或每月几百元定期定额投资基金开始，然后选择 2~3 家基金公司的 3~5 只基金。

买基金后还要坚持做功课，关注基金的涨跌，经过几个月后，你对投资基金就会有一定的了解。

2. 长期持有。长期持有也可以降低投资基金的风险。市场的大势是走高的，因此，若你不知道明天是涨还是跌，最聪明的办法就是猜明天是否会涨。因为猜的次数越多，猜对的概率就越高。既然每天都猜股市会涨，那么最佳的投资策略就是：有钱就买，买了就不要卖。这种办法看起来非常笨，却是最管用的投资方法。

3. 基金定投，平摊成本。基金定投也是降低投资风险的有效方法。目前，很多基金都开通了基金定投业务。投资者只需选择一只基金，向代销该基金的银行或券商提出申请，选择设定每月投资金额和扣款时间及投资期限，办理完相关手续后就可当甩手掌柜，坐等基金公司自动划账。目前，好多基金都可以通过网上银行和基金公司的网上直销系统设置基金定投，投资者足不出户，轻点鼠标，就可以完成所有操作。

4. 进行分散投资。进行分散投资有两个方面需要大家注意。

（1）分散投资标的，建立投资组合。降低风险最有效同时也是最广泛地被采用的方法，就是分散投资。由于各投资标的间具有不会齐涨共跌的特性，即使齐涨共跌，其幅度也不会相同。

（2）选择分散投资时机。分散投资时机也是降低投资风险的好方法。在时机的选择上，通常采用的方法是：预期市场反转走强或基金基本面优秀时，进行申购；预期市场持续好转或基金基本面改善时，进一步增持；预期市场维持现状或基金基本面维持现状，可继续持有；预期市场持续下跌或基金基本面弱化时进行减持；预期市场大幅下跌或基金基本面持续弱化时赎回。

每个人都想在最低点买入基金，但低点买入是可遇不可求的。定额投资，基金净值下降时，所申购的份额就会较多；基金净值上升时，所购买到的份额就变少，但长期下来，会产生平摊投资成本的结果，也降低了投资风险。

牛市买老基，熊市买新基

很多人有疑问，买老基金好还是买新基金好？其实，两者各有优势，视时机而定投资新基金还是买老基金。老基金有它的优势：由于已经有过一段时间运作，透明度比较高，可以更多地了解其之前的投资业绩。就当前的震荡市来说，新基金的优势明显。

基金圈里流传这样一句话："牛市买老基，熊市买新基。"意思是说，如果后市大盘上涨，老基金仓位重，上涨也快，因此在股市大幅上涨阶段，老基金业绩会超过新发基金业绩。

反之，如果大盘下跌，老基金受到的影响也最大，在熊市其表现往往不如新基金。2008 年，老基金的表现远远不如新基金，已经证明了这点。

至于新基金，由于刚发行，投资者只能通过其招募说明书、管理团队和基金公司的实力了解其情况。但是招募说明书再精美，普通投资者并不能看懂其背后的运作情况，新基金风格形成需要一段时间才能研判，业绩到底怎么样也需要观察。所以，从老基金中找到好基金比在新基金中找到好基金要容易得多。另外，老基金在投资风格上更加成熟，其业绩和能力得到较充分体现。

基金分析师普遍认为，震动市场中新基金的优势明显大于老基金。另外，市场分析人士认为，新基金的认购费率也比较低，认购费率一般为 1%，而老基金的申购费率往往是 1.5%。从这一点上看，买新基金也可以便宜一些。在大盘走势不明的情况下，新基金有 6 个月的建仓期，它们可以通过拖长建仓期保护本金，静等市场转好时再进行投资。2008年，不少新基金都是通过这种办法取得了良好的收益。而那些已经运作了一段时间的老基金，由于已经有一定的股票仓位，看到新的投资机会也需要先卖掉手中的部分股票，才能买新的股票，因此可能会错过一些投资机会。

对投资者来说，要想掌握好判断新基金的技巧，关键就是要学会“五看”：

一看基金经理投资理念及基金经理投资理念是否与其投资组合吻合。了解基金经理的投资理念后，投资者即可大致判断新基金的投资方向。如果新基金已经公布了投资组合，投资者则可进一步考察，一是考察基金实际的投资方向与招募说明书中的陈述是否一致；二是通过对基金持有个股的考察，可以对基金未来的风险、收益有一定了解。

二看基金费用水平：新基金费用水平通常比老基金高。许多基金公司会随着基金资产规模增长而逐渐降低费用。投资人可以将基金公司旗下老基金的费用水平和同类基金进行比较，同时观察该基金公司以往是否随着基金资产规模的增加逐渐降低费用。需要说明的是，基金的费用水平并不是越低越好，低到不能保证基金的正常运转，最后受害的还是投资者。

三看基金经理是否有基金管理的经验：虽然新基金没有历史或者历史较短，但基金经理的从业历史不一定短。投资人可以通过该基金经理以往管理基金的业绩，了解其管理水平的高低。投资者可以从招募说明书、基金公司网站上获取基金经理的有关信息，并对其从业资历进行分析。

四看基金公司是否注重投资人利益：投资人将钱交给基金公司，基金公司就有为投资者保值增值的责任。在历史中，基金公司是否充分重视投资人的利益，应成为投资者考察的重点。

五看基金公司旗下其他基金业绩是否优良：如果基金经理没有管理基金的从业经验，投资者是否就无从判断呢？也不是。投资者可以通过新基金所属的基金公司判断这只新基金的前景。如该基金公司旗下其他基金过去均表现优异，投资者也可以放心购买。

掌握了以上的“五看”，投资者在购买新基金时，就基本不会出错。

如何防范基金投资风险

由于对基金缺乏必要的认知，所以投资者对基金投资产生了很多误解：

第一，高估基金投资收益。由于近两年股市持续上涨，基金平均收益率达到100%以上，其中不少股票型基金的回报率超过200%。投资者由此将当前的火爆行为当作常态看待，认为购买基金包赚不赔，忽视了风险。

第二，偏好买净值低的基金。很多投资者认为基金净值高就是价格贵，上涨空间小，偏好买净值低的便宜基金，甚至有些投资者非一元基金不买。事实上，基金净值的含义与股票价格不同，基金净值代表相应时点上基金资产的总市值扣除负债后的余额，反映了单位基金资产的真实价值。

第三，把基金投资当储蓄。很多投资者把原来养老防病的预防性储蓄存款或购买国债的钱全部都用来购买基金，甚至于从银行贷款买基金，误以为基金就是高收益的储蓄。其实基金是一种有风险的证券投资，与几乎零风险的储蓄完全不同。

然而，基金收益风险主要来自以下三个方面：

第一，基金份额不稳定的风险。基金按照募集资金的规模，制订相应的投资计划，并制定一定的中长期投资目标。其前提是基金份额能够保持相应的稳定。当基金管理人管理和运作的基金发生巨额赎回，足以影响到基金的流动性时，不得不迫使基金管理人做出降低股票仓位的决定，从而被动地调整投资组合，影响既定的投资计划，使基金投资者的收益受到影响。

第二，市场风险。投资者购买基金，相对于购买股票而言，由于能有效地分散投资和利用专家优势，可能对控制风险有利，但其收益风险依然存在。分散投资虽能在一定程度上消除来自个别公司的非系统风险，但市场的系统风险却无法消除。

第三，基金公司管理能力的风险。基金管理者相对于其他普通投资者而言，在风险管理方面确实有某些优势，例如，基金能较好地认识风险的性质、来源和种类，能较准确地度量风险并能够按照自己的投资目标和风险承受能力构造有效的证券组合，在市场变动的情况下，及时地对投资组合进行更新，从而将基金资产风险控制在预定的范围内。但是，基金管理人由于在知识水平、管理经验、信息渠道和处理技巧等方面的差异，其管理能力也有所不同。

那么如何防范基金投资风险呢？

第一，密切关注基金净值，理性投资。基金净值代表了基金的真实价值，投资者无论投资哪种基金都应该密切关注基金净值的变化。特别是投资LOF时，基金净值尤为重要，由于LOF同时具备申购、赎回和二级市场买卖两种交易方式，场内交易价格必然与基金份额净值密切相关，不应该因为分红、拆分、暂停申购等基金日常业务与基金份额净值产生较大偏差，因此投资者应通过基金管理人网站或交易行情系统密切关注基金份额净值，当LOF二级市场交易价格大幅偏离基金份额净值时，注意理性投资，回避风险。

第二，认真学习基金基础知识，树立正确的基金投资理念。我国基金市场规模迅速膨胀，基金创新品种层出不穷，投资者参与基金投资，应及时学习各项基金基础知识，更新知识结构，树立长期投资基金的正确理念，增强投资基金的风险意识，做到防患于未然。

第三，仔细阅读基金公告，全面了解基金信息。基金公告信息包括招募说明书、上市交易公告书、定期公告以及分红公告等临时公告，投资者应该通过指定证券报刊或网站认真阅读基金公告，全面了解基金情况。对 LOF 等上市基金，为充分向投资者提示风险，当基金场内交易价格连续发生较大波动时，基金管理人会发布交易价格异常波动公告等风险提示公告，投资者应及时阅读基金公告，获取风险提示信息，谨慎投资。

第四，根据自身风险偏好选择投资基金。国内投资基金的类别丰富，无疑增加了投资者的选择机会。投资者应对各类基金的风险有明确认识。风险偏好较高的投资者可以选择投资股票型基金、混合型基金等高风险基金，风险偏好较低的投资者可以选择投资保本基金、债券型基金等低风险产品。

第六节　用来住，不是用来炒的：房产

选择合理的房贷，轻松还贷款

你是一个新世纪的房奴吗？你为房奴的生活烦恼吗？本节告诉你如何合理选择房贷，摆脱房奴压力。

房价“噌噌”地涨，总让老百姓觉得再不抓紧买就更买不起了，于是不管有钱没钱纷纷贷款买房，付个首付，以后

按揭还贷。这些都无可厚非，主要是贷款买房是一笔较大的投资。

贷款人怎样申贷还贷更合理，如何选择贷款年限、贷款金额及还贷方式就显得尤为关键。

1. 自身评估

在贷款之前最好要对自己的购房能力进行一次综合性的评估，这包括：自己是否具备了几乎所有的房产商都要求的硬性指标——不低于所购房价 30% 的首期付款；自己是否有能力偿还每月的住房贷款；家庭月收入与每月必需支出的资金的差额，是否大于住房贷款每月所需还的贷款本息。评估时可以参考银行为贷款者们设计的“家庭月收入与个人住房商业性贷款对照参考表”，做到心中有数。

2. 房贷种类

当上述事项都办妥后就可根据自己的实际能力选择适合自己的房贷了。目前银行的贷款品种主要有“个人住房公积金贷款”“个人住房装修贷款”“个人住房商业性贷款”三大类。

3. 选好还款方式

选择好合适自己的贷款方式后，还要根据自身情况选择还款方式。

（1）等额本息还款。它的最大特点是消费者每月供款金额都是一样的，这种月供款中包含本金和利息，但每个月本金和利息所占的比例都不一样，利息所占的部分是根据当月的供款余额所计算得出来的。

例如，购房者向银行借了还款年限为 10 年的 10 万元贷款，那么月供款就在 1062 元左右，以 5 年以上 4.2‰的月利率计算，第一个月还款中本金是 642 元，利息是 420 元；而在第二个月，利息则为（100000–1062）×4.2‰ =415.5 元，所还本金为 1062–415.5=646.5 元；第三个月，利息是（100000–1062×2）×4.2‰ =411 元，所还本金为 1062–411=651 元……以此类推，越往后，月供款中本金所占的比例就会越大，而利息所占的比例就会随着供款余额的减少而减少。

（2）等额本金还款。这种方式每月的供款中所占的本金是一样的，月利息也是按当月供款余额计算，不同的是每月月供款额。

如购房者向银行贷了还款年限是 10 年的 10 万元贷款，每月的还款本金统一为 833 元；实际上第一个月还款是 833+100000×4.2‰ =1253 元；而第二个月还款则是 833+（100000–1253）×4.2‰ =1248 元；第三个月还款为 833+（100000–1253–1248）×4.2‰ =1242 元……以此类推，月供款额会逐渐减少。

要根据预计还款时间而定你是选择等额本息还款还是等额本金还款，因为利息是不一样的。例如，选择等额本息的还款方式，贷款期限为 20 年的 30 万元贷款额，月均还款约为 2297 元，那么 20 年共需还款约 55 万元，利息约 25 万元；如果选择等额本金的还款方式，贷款期限同样是 20 年，首月还款额约为 2960 元，20 年还款约为 50 万元，其中利息约 20 万元，相比之下减少了 5 万元。所以对于一笔金额相同的贷款，缩短其贷款年限或能选择合适的还款方式就可以达到减少利息的目的。

俗话说有多少钱，办多少事。贷款和还款方式也分利弊，省钱之道的关键，是要根据自己的经济情况选择最适合自己的方案。

如何签订购房合同

要避免“竹篮打水一场空”，就必须检查合同的合法性和规范性。近年来，投资者与开发商总是产生购房纠纷，其原因或是因面积不符，或是因价格有诈，或是因交付太迟等，这些无疑给投资者带来了金钱和精神上的一定损失。为避免产生纠纷、投资者在跟开发商签订购房合同时一定要小心仔细。投资者不要任由销售人员填写合同，拿过来只看看价格就马上签字，而使合同失去了它应有的作用。在签订购房合同时投资者的权利和义务都规定在内了。在合同中，投资者必须要把全部有疑惑的问题落实下来，通常，开发商会将一些承诺印在宣传品中，或由售楼人员口头答应，但是等到实际交付的时候，很可能就会出现问题，而引起纠纷。开发商会把先前的承诺推翻，说合同中没写。所以，我们千万不要疏忽大意，任何值得注意的问题都要落实在合同里。一旦与开发商发生纠纷,购房合同就是解决纠纷的重要根据和凭证。

在签合同之前，还要查验开发商的资格和“五证”。如果是现房，根据规定，开发商就要有《房屋产权证》。投资者一定要看清楚开发商持有的《房屋产权证》是否包括了自己要买的房子。一切检查完毕后，才可签合同和交纳一定数额的定金。

如果投资者对签订合同没有经验，可以找律师委托协助办理此事，律师可以帮助你审查税费明细表、起草补充协议、制定签约后的付款进程表、审核契约须知、审查付款情况等。

还有一个情况特别值得注意的就是在投资者交付了定金之后，随着对该房产项目了解的加深而感觉不好，不想购买的时候，开发商能否退还定金？这就需要投资者和开发商进行双方协议了，明确在何种情况下购买者才可以终止协议，拿回定金。

签订购房合同是购房的所有环节中最重要的一环，其签约的具体过程如下：

（1）先谈妥价格，购房者后签订认购书（附录样本），并交付一定额度的定金；认购书主要内容包括：认购物业、认购条件（包括认购书应注意事项、定金、签订正式条约的时间、付款地点等）、房价（包括户型、面积、单位价格、总价）、付款方式。双方在协议中应明确购房者在什么情况下可终止协议、索回定金。

（2）签完认购书后，销售方应给投资者发放《签约须知》，其内容包括：签约地点、贷款凭证说明、缴纳有关税费投资者应带证件的说明。

（3）完成以上环节后才应签订正式的购房合同了。在签订购房合同时，购买者一定要坚持使用由国家认定的商品房买卖合同的规范文本，不要使用房地产开发商自己制定的合同文本，以防日后出现法律问题不利于买房者维护权益。正式的《商品房买卖合同》是在当地房管部门登记过的格式合同，由开发商提供。该合同由三部分组成：协议条款，选择条款，格式条款。

投资者对合同中的各项条款一定要弄清楚，特别是有关房屋面积和购房者付款金额、付款方式等关键条款。尤其是在违约条款中，必须写明如果产生质量问题、面积不符问题、交房拖后、配套设施不全及其他与合同内容不符时的索赔办法和赔付金额。其中，格式条款是合同双方不能变更的，双方都必须同意的，没有商量的余地；而选择条款和协议条款必须由双方协商一致，并且以补充协议的形式在合同中表现出来，只有把握好选择条款和协议条款，才能充分保障购房人的权利。基本内容包括：

（1）售房人土地使用依据及商品房状况，包括位置、面积、现房、期房、内销房、外销房等；

（2）付款约定，包括优惠条件、付款时间、付款额、违约责任等；

（3）房价，包括税费、面积差异的处理、价格与费用调整的特殊约定等；

（4）交付约定，包括期限、逾期违约责任、设计变更的约定、房屋交接与违约方责任等；

（5）保修责任，购房人使用权限；

（6）产权登记和物业管理的约定；

（7）质量标准，包括装饰、设备的标准、承诺及违约责任和基础设施、公共配套建筑正常运转的承诺、质量争议的处理等；

（8）违约赔偿责任；

（9）双方认定的争议仲裁机构；

（10）其他相关事项及附件，包括房屋设备标准、平面图、装饰等。

在签订上述各项条款时，以下两项基本问题是投资者尤其需要关注的：

（1）合同上的项目名称，一定要与项目位置联系在一起，以免日后有出入。标明项目位置时，一定要具体、明确，如××市××区××街××号××花园××号楼××层××房。

（2）购房合同的各项内容要尽可能全面、详细，各项规定之间要避免相互冲突，尤其是不能与国家的政策法规相冲突；文字表述要清晰、准确；签订合同的买卖双方身份、责任要明确，如合同中的甲方（卖方）不能是代理商或律师，而应是项目立项批准文件的投资建设单位，也不能以上级主管单位或下属机构的名义签订合同，签字人应是法人代表本人，或公司章程上授权的主要负责人。

购房一定要擦亮眼睛

打折是那些房产开发商们最常用的促销方式，尽管通常来说折扣不高，比如 9.8 折、9.9 折，但是倘若你要买一套总价 50 万元的房子，那么就可以省去上万元，这其实也是一笔不小的数目，这样的实惠是实实在在的，事实上对购房者而言，能省钱总是好事。有的时候开发商还会开展送汽车、送装修等活动，你要打算买房一定要留意这些信息。因此，购房者在准备购买的时候，一定要擦亮自己的眼睛，假如有打折、优惠、送东西等活动时，一定不要白白地放过，但是也不能被这些小恩小惠所蒙蔽，房子的质量还是最关键的。在关注房子质量和价格的同时，对于优惠、打折最好不要放过。

1. 分期首付

事实上除了以上的购房优惠之外，还有一种叫作分期首付的促销方式。对于购房者而言，首付款其实是一笔不小的数目，如一套总价 50 万元的房子，如果首付 30%，就是 15 万元。为了减轻购房者的首付压力，有的房产开发商推出分期首付的促销方式。以“10% 首付”的方法为例，在一个月的期限内购买楼盘，第一笔首付款只需 5 万元，相当于总房款的 1 成，余下 10 万元首付款，可从某专业投资公司处无息获取，这笔款项的还款期限为交房时。

分期首付就能够减少首期付款和获得 2 成首期款的无息贷款，但增加了今后的还款压力，现在没有多少人能够在这个促销方案中获益，所以选择这种分期首付方式购买房子的人很少。

2. 买房送现金

如今买房送什么才是最实惠的？现金。事实上现在有的开发商为了吸引消费者从而打出了买房返还 4 万 ~ 6 万元现金的促销方式。例如，购买两居房可获 4 万元现金、三居房和复式可以获得 6 万元现金返还。这样的促销方式和打折有相似之处，只是形式略有不同，购房者得到的实惠是现金支付首付款减少了。

倘若一套房子的成交价为 50 万元，送现金 5 万元，这其实就等于打了个 9 折，对购房者来说，这比一般的打折活动更实惠。假如说银行按总房价发放八成贷款，房产商再给购房人 5 万元现金，很显然首付款可以减少 5 万元。当然你也可以选择保持首付款不变，减少银行贷款，减轻还款压力。因此倘若出现这种买房送现金的情况，你千万要把握机会，这就好像是捡了一个大便宜，如果放过这个机会，以后后悔就晚了。

3. 无理由退房

其实在目前的房屋促销手段当中，“无理由退房”的优惠被开发商叫得比较响。“无理由退房”是指在一定期限中，凡购买房屋并已付房款（含银行按揭）的购房者，从购买之日起一定年数内，享有对所购房屋无条件地继续保留或退房的选择权，如果说购房者在前述规定的期限内提出退房申请的，就必须以书面形式作出。开发商在接到书面申请的一定期限内，退还购房者的购房款本金及利息。

退房并不是一件很划算的事情，因为大多数人买房的目的是供自己入住，对房子进行过装修，退房的手续也很烦琐，比如，开发商是项目公司，房子卖完后项目公司就不存在了，业主退房需要找到原来项目公司的上级公司，即使找到也未必能顺利退房。所以，除非房子存在质量问题或其他问题，否则一般不要考虑退房。

4. 差价补偿

差价补偿同样也是房屋销售商采取的一种促销方法，即购房的消费者购房后在一定期限内倘若房价下调的话，就可以获得相应的差价补偿，这里所指的房价是区域平均房价。例如，在一定的期限内楼市行情如果走低，开发商将按照区域平均价格，把落差部分补偿给客户。

但是目前房价呈上升趋势，所以房价下跌的可能性很小，消费者得到的实惠很少。因此也是一种很不切合实际的销售方法，这只不过是给购房者的一种口头实惠，是一座空中楼阁，人们对此兴趣不大，因此没有受到购房者的青睐。

选房诀窍知一二

在购房者选择自己的住房的时候，应该注意以下三个重要环节，希望对大家有所帮助。

1. 看地段

事实上对于购房者而言，房产所处的地理位置是一件十分重要的需要考虑的因素，房产所处的地理位置对房产现有价值和增值能力起着决定性的作用。所以说，房子所在的区位，其实也就是购房的时候首先就需要考察的对象。

其实投资者和自用型购房者，应该会有不同的侧重点。而对于一般的投资者而言，不光是要看现状，同时还要看发展。在区域各项配套设施尚不完善的时候，低价购入的房产，其价值同样也会随着区域环境的改善得到相应提升；而对自用型购房者而言，选择区位也不仅仅是一个绝对位置的概念，还应该看交通条件和自身实际需求。

而作为自用型的购房者不光是要考虑房产的绝对地理位置，还应该要考虑到交通、周边环境、区域内的服务设施等，这是由于当入住以后，这些因素都会影响自己的生活质量。

假如为做生意而买房或租房，特别是要注重地段的选择，因为这会对以后店面的经营产生决定性的影响，只要是地段好的话，房价或者房租高一些也值得，同时也要注意周边店面的经营环境，尽量避开激烈的竞争。

假如你是为投资而买房的话，那么关注的重点也就应该放在房产的增值空间上，一些刚刚开发的区域，各项配套设施尚不完善，房产价格较低，其价值会随着区域环境的改善得到相应提升，当然这需要眼光和魄力。

2. 看性价比

事实上，楼盘并不是越便宜越好，价格也并不能够作为评价房产交易满意度的标准，那么如何才能判断房子买得划算不划算呢？不光是要看价格，还应该看性能，看性价比。通常购房者在看中了某个区域或具体楼盘后，应当对同一区位、同等档次楼盘的价格和性能进行一定的比较。

一般来说，楼盘报价往往就有这几种形式，如起价、市场价、评估价、均价、毛坯价、装修价等，有的楼盘则在开展促销活动，你还需要分清报价和实价。楼盘的起价也叫"开盘价"，是开发商在最早销售房屋时所定的价格，房子买完后价格叫"市场价"，而评估价指的是买新房后出售，买主需要银行贷款的时候，银行就会派出房产评估师实地勘察后给出的价格，评估价也就通常要低于市场价。均价通常都是楼盘的平均价格，是开发商根据当前的市场情况专门制定的，以收回成本并获得利润的价格，代表一个项目的整体价位水平。但均价与房子实际价格有很大差距，事实上当一个楼盘计算出均价后，根据每户垂直位置和水平位置差及每个户型的朝向、采光、通风等的不同定出价差系数，均价乘以价差系数才能得出实际价格。

通常来说，性能越好的楼盘价格越贵，对楼盘性能的评价也就应该因人而异，并非越多越好。其实自用购房者必须分清楚，哪些性能是必需的，哪些是对自己影响不大的，同时一定要避免为了一些用处不大或者华而不实的卖点，而负担不必要的支出。事实上现在有一些楼盘会采用新工艺或新技术，推出节能、生态等概念。购房者也一定要清楚这些技术的成熟度，是否经得起市场检验达到预期的效果。

3. 看交通

当然住宅离工作单位越近越好，倘若在单位附近找不到房子或者房价太高，就可以退而求其次，选择距离远一点和交通便利的住宅。同样地，时间也是一种成本，假如把大量的时间浪费在路上，就会让你变得筋疲力尽，不能够全身心投入工作，因此在选房的时候要注意以下三点：

（1）耗时。一定要确定房子离工作地点的距离。你可以先按照乘坐公交车来计算一下往返时间。倘若在半小时内的，则就属于近距离，超过 1.5 小时的就不用考虑了。

（2）耗油。假如自己有车，开车上班的单程时间超过1小时的，就得仔细考虑一下了，因为油费等是不得不考虑的大问题。

（3）直线距离和路程距离。在计算距离的时候，一定要亲自计算，一些房地产开发商只说两点之间的直线距离，实际上路程距离则可能多出一倍。

购买二手房的8点注意

通常人们在购买二手房的时候，只要能够查看清楚以下几个部分就不太会有大问题出现了：

1. 一定要弄清所有权

我们应该要清楚所有权是房产交易的基础，是购买房屋最重要的一点，因此在购买“二手房”之前一定要确定房屋所有权的真实性、完整性、可靠性。如房屋所有权人是否与他人拥有“共有权”关系，房屋有没有其他债权、债务纠纷，这些其实都是比较重要的方面。

所以说只有弄清楚所售房屋的所有权，才能够放心地购买。通常在这其中最关键的是一定要由卖方出示、提供合法的“房屋所有权”证件。倘若没有这样的所有权，奉劝购房者最好不要轻易购买。

2. 弄清面积

房产的价格与面积的相关性很大，通常我们都是根据房子的面积来计算价格的。因此在购买“二手房”的时候一定要弄清楚准确的建筑面积。一些二手房时间比较长了，属于较老的房子，由于当时测绘的误差、某些赠送的面积等原因，有的时候就会出现所售房屋实际面积与产权证上注明的面积不符的现象。所以合同中约定出售房屋的面积应以现在的产权证上注明的为准，其他面积不计在内。

3. 弄清转让权

我们需有的一个常识就是——拥有所有权不一定拥有转让权，所有权并不等于转让权。例如，一些公有住房，是不能转让的；通常房主用于抵押的房子，在抵押期满前也是不允许出售的，所以在交易前一定要清楚所购“二手房”是否属于允许出售的房屋。

假如出售房屋的人不拥有转让权，最好不要购买他的房子，即使价格再低也不行，以免以后引起纠纷。

4. 弄清交验细节

常言道“细节决定成败”，足以可见细节的重要性，通常在房产交验过程中，也要对一些细节给予充分的重视。一些条件要尽量写进合同，落实在纸上，以免出现不必要的麻烦。例如，业主只是口头向你保证屋内装修的铝合金门窗、地板、空调以及柜子、热水器可以全部赠送，结果到实际交房时客户却发现门窗被卸、地板被撬、屋内狼藉不堪，而业主承诺的空调、热水器更是不见踪影，或是业主要求把房中的一些物品折价卖给客户，那就很不愉快了。

5. 要弄清程序

事实上房产交易需要办理一系列的手续，一定要清楚购买“二手房”规定程序是十分必要的，这样就可以减少不必要的麻烦，节约购买所花费的时间。

通常都要经过以下几个步骤，由买卖双方签订《房屋买卖合同》，并到房屋所在区、县国土房管局市场交易管理部门，办理已购住房出售登记、过户和缴纳国家规定的税费手续。其实对于这些程序，购房者务必要牢记在心，这样会大大方便购房，使你轻轻松松入住心满意足的房子。

6. 弄清交房时间

我们一定要清楚，除了要弄清付款的方式之外，还应该弄清交房的时间。通常我们在合同签订的时候应该明确注明房屋交验时间，如在过户后第几个工作日或双方约定的其他时间；而房屋交验前产生的费用及房屋交验时产生的费用由谁承担，以及双方的其他约定也要在合同中注明，以免以后引起争执。

如今有一些房地产商与购房者经常会在交房时间上出现纠纷，房地产商有时还会以提前让购房者入住为幌子来欺骗顾客，让他们购买自己的房子。假如以合同的方式确定交房时间，就可以避免出现以上的麻烦，避免上当受骗。

7. 要弄清付款方式

付款是房产交易过程中很重要的一个环节，因此在签订购房合同时，需要注意付款方式的每一个环节。

例如，双方可以约定，在付款方式的选择上标明，在签订《房屋买卖合同》时，客户支付相当于房价款百分之多少的定金给业主或中介公司等。这样弄清付款方式就可以有效地避免很多的麻烦，对于保障购房顺利十分必要。

8. 弄清违约责任

虽然出售房屋者和购房者签署了合同，但还是会存在违约的可能性。假如业主违约则会给购房者带来不必要的麻烦及损失，事实上前期的工作前功尽弃，谈判期间的其他机会也放过了，因此为了避免这种损失，违约责任也就一定要在合同中写明，约定好双方的责任义务，如违约责任、违约金款项、逾期付款责任、滞纳金款项及其他违约情况等，这样可避免纠纷的发生。

除此之外，责任还必须要规定明确。丝毫不能含糊，如果把两者的责任混淆，这样做其实对任何一方都是不负责任的。

小心房地产广告陷阱

只要打开报纸，总会发现林林总总的房地产广告占据不少版面，有山有水，有天有地，让众多有意置业者为之心动。其实，广告里面隐藏着很多“陷阱”，有些广告欺骗性很大，令人防不胜防。总结起来，主要有以下几种：

1. 比例“失调”

比例“失调”问题在房地产广告中比比皆是，其主要表现为：一是路程距离比例“失调”，二是楼盘规模比例“失调”。

为了让购房者明确楼盘的位置，房地产广告大都附有简单的图示。但到实地一看，发现这些图示颇有误导之嫌。比如，广州市天河区紧邻某名牌大学的一个楼盘，虽然其占地面积不足旁边大学 1/3，但其广告图示却把该楼盘面积极尽“放大”：旁边的大学反而被挤得只剩下一丁点儿，此举无疑误导了买家，以为该盘规模比旁边大学还要大。

2. 盲目提速

购房置业，人们都希望住处离上班地点、上学地方更近，或者道路顺畅交通方便。然而仅听信广告却经常受骗。

3. 低价诱惑

价格是消费者购房置业考虑最多的因素。很多房地产广告抓住了人们追求“物美价廉”产品的心理，大打“价格战”，用低价招徕购房者。常见的有：推出 20 套特价房，或者最低每平方米 ×××× 元（起）。所标价格几乎是全市最便宜的。人们看了广告后蜂拥而至，却发现那只是商家的一个销售手段，无论去得多早，条件有多符合，根本就不可能买到广告上所说的特价房或以最低价买到房子。即便是第一个到达售楼现场的购房者，所得到的也只是售楼小姐一句很遗憾地告白：“对不起，特价房早就卖完了。”或者是“最低价单位已被落定，剩下的单位由于朝向好结构较佳，售价每平方米增加 500 元。”总之一句话，广告上所示低价是消费者“可见不可求”的价格。

4. 图片“失真”

优美的园林环境：别具风情的小亭、精砌的泳池、青翠的绿草地……广告上楼盘优美的园林环境令人心驰神往。然而购房者到售楼现场一看则大失所望，现实环境远不是广告所示那么一回事——那只是一个“电脑拼图”。

房地产广告以“电脑拼图”突出楼盘小区优美的休闲环境，手法却相当拙劣。如在楼盘图片上硬生生地加上几个正在游玩的人，仔细一看，人与景的比例严重失衡，人工（电脑）加工痕迹太重。严重“失真”让买家的胃口大倒，令人感觉楼盘与粗劣的广告制作一样不可信。

5. 乱扯“关系”

附庸风雅乱攀关系，在很多房地产广告中极其“受落”，最常见的就是与楼盘旁边的自然风景区、市政建设攀扯关系。

人们购房除了看楼盘的地理位置、配套设施，还看重周边是否有天然的风景区或市政配套设备。有些楼盘广告为此乱扯“亲戚关系”。例如，数公里外有万亩果园，就硬说自己与万亩果园比邻；位于南湖旁边，便说可以观览南湖全貌；楼盘所处位置虽只能遥望白云山一角，却瞎说处于白云山风景区内，负离子有多高。这种乱扯“关系”的广告并不少见，每每让人看了很不舒服。

6. 滥用“绿化”

随着人们对生活品质的追求，人们不仅更加注意卫生，也更在乎居住小区的绿化环境了。众多发展商也明了楼盘园林绿化环境对健康的重要，加大了绿化的投入。

但一些楼盘广告宣传则滥用“绿化”做文章。例如：盲目夸大绿化的面积——一些楼盘的园林绿化面积本身并不大，但广告词偏说有数千万平方米的绿化面积；有的广告说楼盘里种有多少品种果树的果园，其实也就是一个小山头，密密麻麻地种了几种常见果树，图片上看郁郁葱葱，实地里密不透风，再加上杂草“乱七八糟”，令人大倒胃口。

7. 乱“搭”地铁

楼盘小区靠近地铁虽不是什么稀罕事，也算是一大优势。但一些楼盘广告却借此以乱“搭”地铁做文章。

8. 隐瞒规划

楼盘小区内，大片绿草地上一家大小欢聚其上，亲近大自然乐趣无穷。然而“幸福时光总是很短暂”，业主入住后不久，原本的大片绿地开始围上“护栏”，重新开发建造新项目。更有甚者，入住后不久，所有景观均“面目全非”：绿草地没了，湖景也被新建楼宇挡住了。众多业主受骗，只因发展商隐瞒了有关规划。

9. 滥用明星

影视明星受“追捧”，一些楼盘便利用明星大做文章。请明星搞现场秀，请当红明星代言，甚至送一套住房给某明星，然后打出“与某某明星为邻”，以此增加消费者购房的信心，甚至满足与明星为邻的虚荣。

试问，有多家楼盘请了明星当代言人，但又有几个明星购买或入住了这些楼盘?

10. 乱挂“名校”

古有“孟母三迁”，今有“为子置业”。现时不少家庭购房置业首先考虑子女未来的入学升学问题，不少家长更是为了子女而选择楼盘。

于是，不少楼盘为了促销而与名校“挂靠”办学。然而“此名校非彼名校”，购买这些楼盘的业主子女，不仅需要付出较原名校高出不知多少倍数的高额学费，更重要的是，其永远无法享受到原名校那样的教育。毕竟，与这类楼盘学校“联合办学”，对那些名校而言只是一个“副业”，名校会为了“副业”而丢了“主业”吗？

以上是房地产商主要使用的一些陷阱，购房者一定要保持清醒的头脑、理智的心态，正确地从中获得信息。

第七节 在保值中追求升值：黄金

“投金”高手是怎样练成的

顺势而为，把握市场焦点，学会建立头寸，斩仓和获利等都是一个黄金投资高手的必备条件。

在黄金市场上，一个成功的投资者所依靠的是正确的操作理念和方法。只有尊重趋势顺势操作，避免武断，才能积小胜为大胜，最后跻身赢家之列。下面就为大家介绍五种投资黄金的投资理念，来看看怎么才能修炼成“投金高手”：

1. 市场永远是对的。投资市场上流行这样一句话：市场永远是对的。越聪明的人，越容易自以为是，投资者犯的最大错误往往就是固执己见，在市场面前不肯认输，不肯止损。请记住，市场价格已经包含了一切的市场信息，按市场的信息来决定行动计划，顺势而为，这才是市场的长存之道。

2. 对市场焦点的把握。一般情况下，都是某一个市场的焦点决定市场中线的走势方向，同时市场也会不断地寻找变化关注的焦点来作为炒作的材料。

当然市场焦点的转换不可能有一个明显的分界线，只是在不知不觉当中完成的，只有通过关注市场舆论和相关信息才能做出市场走势的推断，而且不排除有推断错误的可能。

3. 尽量使利润延续。缺乏胆量的投资者，在开盘买入之后，一见有盈利，就立刻平盘收钱。

虽然这能在一定程度上避免风险，但是会失去进一步获利的可能。进入金市投资，人们最主要的目的就是赚钱，有经验的投资者，如果认为市场趋势会朝着对他有利的方向发展，会耐着性子，根据自己对价格走势的判断，确定准确的平仓时间，使利润延续。

4. 要学会建立头寸，斩仓和获利。入市建立头寸的良好时机在于，无论下跌行程中的盘局还是上升行程中的盘局，一旦盘局结束突破支撑线或破阻力，市价就会破关而下或上，呈突进式前进的状态。盈利的前提是选择适当的金价水平及时机建立头寸。如果入市的时机不当，就容易发生亏损。相反，如果盘局属长期关口，突破盘局时所建立的头寸，必获大利。

获利，就是在敞口之后，价格已朝着对自己有利的方向发展，平盘可获盈利。掌握获利的时机非常重要，卖出太早，获利不多，卖出太晚，可能延误了时机，金价走势发生逆转，盈利不成反而亏损。

斩仓是金融投资者必须首先学会的本领。斩仓是在建立头寸后，突遇金价下跌时，为防亏损过多而采取的平仓止损措施。一斩仓，亏损便成为现实。未斩仓，亏损仍然是名义上的。

从经验上讲，任何侥幸求胜、等待价格回升或不服输的情绪，都会妨碍斩仓的决心，会给投资者造成精神压力。如果不斩，又有招致严重亏损的可能。所以，该斩即斩，必须严格遵守。

5. 小心大跌后的反弹和急升后的调整。在金融市场上，价格不会一条直线地持续下跌或一条直线地持续上升，因为升得过急总会调整，跌得过猛也会反弹。当然，反弹或调整的幅度比较复杂，不是很容易掌握。当上帝关上一扇门的时候就打开了一扇窗。更大的机会总是潜藏在虚掩的一扇门中。有策略地进攻市场比起无头苍蝇式地瞎闯好得多。

黄金投资的风险及应对

风险在本书中可谓是老生常谈了，在此我们不做过多的赘述，只讲黄金投资如何规避风险。因为黄金投资在市场、流动性、信用、操作、结算等上面都有风险。所以主要针对这几方面谈一下黄金投资的风险特性。

1. 投资风险的广泛性。在黄金投资市场中，从投资研究、行情分析、投资决策、投资方案、资金管理、账户安全、风险控制、不可抗拒因素导致的风险等，黄金投资的各个环节几乎都存在风险，因此具有广泛性。

2. 投资风险的可预见性。黄金市场价格是由黄金现货供求关系、美元汇率、国际政局、全球通胀压力、全球油价、全球经济增长、各国央行黄金储备增减、黄金交易商买卖等多种力量平衡的结果。所以，虽然不能对其投资风险进行主观控制，但可以根据性质可预见。这一点只要投资者对影响黄金价格的因素进行详细而有效地分析即可得。

3. 投资风险的相对性。黄金投资的风险是相对于投资者选择的投资品种而言的，投资黄金现货和期货的结果是截然不同的。前者风险小，但收益低；而后者风险大，但收益很高。

所以风险不可一概而论，它有很强的相对性。黄金价格的剧烈波动，也使一些投资者开始考虑如何能既不承担亏损的风险，又能分享黄金市场的高收益。最低限度地说，投资者投资与黄金挂钩的理财产品，不失为一种较理想的选择。这些产品一般都有保本承诺，投资者购买这样的理财产品，既可实现保本，又可根据自己对黄金市场的判断进行选择，获得预期收益。

4. 投资风险的可变性。由于影响黄金价格的因素在不断地发生变化，所以对投资者的资金造成亏损或盈利的影响，并且有可能出现亏损和盈利的反复变化而具有很强的可变性。和其他投资市场一样，在黄金投资市场，如果没有风险管理意识，就会使资金处于危险的境地，甚至失去盈利的机会。既然投资风险会根据客户资金的盈亏减小或增大，那么这种风险即使不会完全消失也可以有小规避。只要对其采取合理的风险管理方式，就可合理有效地调配资金，把损失降到最低。最终将风险最小化，创造更多的获利机会。

5. 投资风险存在的客观性。投资风险是由不确定的因素作用而形成的，而这些不确定因素是客观存在的，之所以说其具有客观性，是因为它不受主观的控制，不会因为投资者的主观意愿而消失。单独投资者不控制所有投资环节，更无法预期到未来影响黄金价格因素的变化，因此投资的风险性客观存在。

那么，了解了风险的特点，有了风险意识，怎样做才能真正地降低黄金投资的风险？以下几种方式可供借鉴。

1. 多元化投资。多元化投资也是我们常提到的规避、分散风险的办法。因为风险由系统风险和非系统风险组成，从市场的角度来看，外部的、不可控制的、宏观的风险，如通货膨胀、利率、战争冲突、现行汇率等这些是投资者无法回避的因素是系统风险，是所有投资者共同面临的风险，也是单个主体无法通过分散化投资消除的。所以能消除的只是非系统风险，是投资者自身产生的、有个体差异的风险。此类风险就可通过多元化投资来降低，从而也就降低了组合的整体风险。分散的方法要根据炒金种类的不同而不同对待。对于黄金投资市场，如果投资者对未来金价走势抱有信心，可以随着金价的下跌而采用越跌越买的方法，不断降低黄金的买入成本，等金价上升后再获利卖出。如果是炒“纸黄金”的话，投资专家建议采取短期小额交易的方式分批介入，如每次只买进 10 克，只要有一点利差就出手，这种方法虽然有些保守，却很适合新手操作。

2. 采用套期保值进行对冲。套期保值指的是：购买两种收益率波动的相关系数为负的资产的投资行为。例如，投资者卖出（或买入）与现货市场交易数量相等、方向相反的同种商品的期货合约。这样，无论现货供应市场价格怎么波动，即使另一个在一个市场上亏损的同时最终总有一个能取得市场盈利的目的。这样也可以做到规避包括系统风险在内的全部风险。

3. 对自身制度建立风险控制流程。由于投资者自身因素产生的风险，如财务风险、内部控制风险、经营风险等。这些是由于人员和制度管理不完善引起的，所以建立相应的系统风险控制制度、完善管理流程，对防范人为因素造成的风险具有重要的意义。

4. 树立良好的投资心态，理性操作是投资中的关键。做任何事情都必须拥有一个理性的心态，投资也不例外。心态理性，思路才会清晰，面对行情的波动才能够从容客观地看待和分析，减少慌乱情绪带来的盲目操作，降低投资的风险率。风险就跟误差一样是不可能不存在的。面对风险我们只能规避，将风险最小化。如果你没有做好承受风险的准备，那就离开吧，因为世界上不会有毫无坎坷的成功。

实物黄金的投资方法与技巧

不同品种的黄金理财工具，其收益与风险是不同的。实物黄金的买卖要支付检验费和保管费等，成本略高；纸黄金的交易形式类似于期货、股票，对于这类虚拟价值的理财工具，黄金投资者要明确交易时间、交易方式和交易细则。

1. 直接购买投资性金条

投资金条的优点首先是其加工费低廉，包括的各种附加支出也不高，在全世界范围内标准化金条都可以方便地买卖。其次，世界大多数国家和地区对黄金交易都不征交易税。再次，黄金是全球24小时连续报价，无论你在哪里都可以及时得到黄金的报价。投资黄金最合适的品种之一是投资性金条，但这并不包括市场中常见的“饰品性金条”，即纪念性金条、贺岁金条等，不光它们的售价远高于国际黄金市场价格，而且回售相当麻烦，兑现时还将打较大折扣。所以投资者投资金条之前要先学会识别“饰品性金条”和“投资性金条”。

2. 投资性金条通常有两个主要特征

（1）金条价格与国际黄金市场价格相当接近（只有因加工费、成色、汇率等原因不可能完全一致）。

（2）投资者购买回来的金条能很方便地再次出售兑现。投资性金条的交易方式是由黄金坐市商提出卖出价与买入价。黄金坐市商在同一时间报出的卖出价和买入价越接近投资者投入的交易成本就越低。

如果投资者闲置资金充足，但日常工作忙碌，没有足够的闲余时间关注世界黄金的价格波动，不愿意也无精力追求短期价差的利润，投资实物黄金就是最好的选择。购买金条后，就可将其存入银行的保险箱中，做长期投资。但应注意的是一定要确认购买的是投资性金条，而不是“饰品性金条”。一般的工艺性首饰类金条只适合用作收藏，而投资性金条才是投资实物黄金的最好选择。

在我国，实物黄金是黄金交易市场上较为活跃的投资产品。对于一般的投资者来说，黄金投资选择实物金更实在。投资者可以通过以下不同渠道进行实物黄金的投资：

金店：人们购买黄金产品的一般渠道都是在金店。但是一般金店里出售的黄金更偏重于它的收藏价值而非投资价值。因为金饰在很大程度上已经是实用性商品，购买黄金饰品只是比较传统的投资方式，其买入和卖出的价格差距也较大，所以投资意义不大。

银行：银行是投资者进行黄金投资的渠道之一。目前，上海金交所对个人的黄金业务就主要通过银行来代理。在银行可以购买到的实物黄金包括金币、标准金条等产品。如农行的“招金”、中行的“奥运金”、中国人民银行的“熊猫金币”（也是一种货币形式），即使黄金再贬值也会有相当的价值，因黄金的投资风险相对较小。

黄金延迟交收业务平台投资黄金：该投资渠道是时下较为流行的一种投资渠道。黄金延迟交收指：投资者在按即时价格买卖标准金条后，可延迟到第二个工作日后或延迟至任何一个工作日再进行实物交收的一种现货黄金交易模式。如“黄金道”平台推出的HB（I黄金俱乐部）的黄金标准金就是目前国内“投资性金条”的一种，“黄金道”兼顾了银行里的纸黄金和实物金的两种优势，它的人民币报价系统与国际黄金市场的同步，投资者既可以通过黄金道平台购买其实物金条，又可以通过延迟交收机制进行“低买高卖”，利用黄金价格的波动盈利，对于黄金投资者来说这无疑是非常好的投资工具。

3. 黄金首饰投资

目前我国国内可以方便投资的黄金投资品种还非常少，又因为投资渠道较为狭窄，就造成了社会民众对黄金知识的匮乏。有的人迫切想投资黄金，却存在不少的黄金认识误区，为此有必要先掌握以下知识。

在国内我们经常看到的黄金最多的就是黄金饰品。但因其黄金饰品受附加费用的影响，并不是一个好的投资品种。购买金饰品应把饰品看作对个人的形象装扮或馈赠亲友的礼品，不能与投资相提并论。

按照黄金和其他金属成分的构成，黄金制品可分成包裹金制品、纯金制品和合金（K 金）制品三大类别。

虽然目前国内黄金市场需求量大，但其价格还是会跟着国际市场的变化而变化。因此，黄金投资者和收藏爱好者要注意国际市场动向，时刻调整交易策略。

4. 金银纪念币投资

中国自 1979 年发行现代金银纪念币以来，不仅为国内外收藏爱好者提供了大量的金银币收藏精品，而且还充分展现了中国现代金银币的风采和新中国在各领域所取得的成就，而中华民族悠久灿烂的古代文明也在现代金银币上得到完美的体现。但目前国内所有金银纪念币的销价相对金银原材料的溢价水平都很高，因此并不适合长线投资。金银币的特点是工艺设计水准高、发行量较少、图案精美丰富，因而具有明显的艺术品特征。

投资金银币的具体操作过程要遵循以下原则：

（1）顺势而为。金银纪念币行情的涨跌起伏变化也是与其他投资产品的市场行情相同的，其行情运行趋势也可以分为牛市和熊市两阶段。大的行情趋势实际上已经表明了各种对市场不利或者有利的因素。一旦投资市场行情的运行趋势形成，就不会轻易改变，所以操作者只有看清行情大的运行趋势并且能够顺大势而为，所承受的市场风险就小，其投资成功的概率就高。

（2）投资、投机相结合。对一般投资者而言，单纯的投资操作投资获利不多，时间成本较大，可以减少市场风险。而纯粹的投机性操作，虽然可能踏准了牛市的步伐，会一夜暴富，但是暴涨暴跌的行情也毕竟是难以把握的。所以，最理想的操作思路和操作手法就应该是投机、投资相结合，并且以投资为主投机为辅的手段，相辅相成进行投资。

（3）重点研究精品。经常可以看到在钱币市场上，有些金银纪念币刚面市时价格很高，随后却一路下跌；也有些品种虽然在市场行情处于熊市时上市，上市时价格也不高，但随后的市场价格却不断上涨。尽管这些投资品种价格短时间里高低变化受到诸多因素的影响，但其长期价格走向还是由其真正内在的价值决定的，如制造、题材、发行时间长短、发行量等综合因素。

（4）资金的使用安全。任何投资市场都存在可避免的非系统风险和不可避免的系统风险，所以钱币投资者也应该有风险意识。而且要学会采取一定的投资组合来回避市场风险，有效地抵御资产大幅缩水，令资产增值。

投资金银币，还要注意以下几点：

（1）要区分清楚金银币和金银章。金银纪念币和金银纪念章最主要和最明显的区别就是金银纪念章没有面额而金银纪念币具有面额；同样题材、同样规格的币和章，其市场价格也不同，一般来说，金银纪念章的市场价格要远低于金银纪念币的市场价格。其中，有没有面额说明了两个问题。一是是否为国家的法定货币；二是说明了纪念币的权威性高于纪念章的权威性，原因是具有面额的法定货币只能由中国人民银行发行。所以使金银纪念币的权威性达到最高。

（2）要区分清楚金银纪念币和金银投资币。金银纪念币顾名思义，是具有明确纪念主题的、限量发行的、设计制造比较精湛的、升水比较多的贵金属币。而金银投资币是世界黄金非货币化以后，专门用于黄金投资的法定货币，是一种在货币领域存在的重要形式。其主要特点为发行机构在金价的基础上加较低升水溢价发行，以易于投资和收售，每年的金银币图案可以不更换，发行量也不限，质量也为普制。

买金银纪念币的时候首先要注意它是否有证书。金银纪念币基本上都附有中国人民银行行长签名的证书，买卖的时候如果缺少证书就得当心了。其次，从投资的角度分析，由于金银纪念币是实物投资，所以其品相非常重要，如果品相因为保存不当而变差，就会导致在出售时被杀价。

黄金投资不仅是世界上税务负担最轻的投资项目，而且是抵御通货膨胀最好的投资产品，其理所当然地成为财产保值的最佳投资选择。

家庭黄金理财不适合投资首饰

我们都看到近期的黄金价格屡创新高。但是业内人士认为，目前国际黄金市场需求旺盛，供不应求的情况也不会在短期内改变。并且各种各样的指标长期显示为对金价的利多影响，黄金的长期走势如今也还是依然看好。如今随着国际黄金价格的不断上涨，我国国内市场的金价更是水涨船高。从而飙升的金价也就使黄金饰品受到消费者的热情追捧。但是家庭黄金投资要谨慎，不是很适合投资首饰。

黄金投资专家表示，实金投资适合长线投资者，而投资者也就必须具备战略性的眼光，无论其价格怎样变化，不急于变现，不急于盈利，而是长期持有，主要是作为保值和应急之用。

对于进取型的投资者，特别是有外汇投资经验的人来说，选择纸黄金投资，则可以利用震荡行情进行“高抛低吸”。

可是目前由于人民币升值，给纸黄金投资者的收益带来了一定的影响。银行给纸黄金投资者的价格是以人民币计的，但是国际市场上的黄金价格却是以美元每盎司来计算的。事实上在国际金价不变的情况下，假如人民币升值，则纸黄金价格是下跌的。但这种影响短期来看并不明显，特别是现在黄金市场正处于大牛市，只有牛市见顶，金价长期不动或者回调的时候，这种汇率变化才值得关注。

对于家庭理财来说，黄金首饰的投资意义不大。因为黄金饰品都是经过加工的，商家一般在饰品的款式、工艺上已花费了成本，增加了附加值，因此变现损耗较大，保值功能相对减少，尤其不适宜作为家庭理财的主要投资产品。

如今，由于各国外汇储备体制的变化，各国的中央银行也都正在提高黄金储备比例。中、印等发展中国家珠宝需求的强劲增长，也使得黄金价格有了长期上涨的基础。而根据世界黄金协会的统计，全球的黄金需求量也已经连续 6 个季度增长，去年的第四季度以来需求也一直保持了两位数的增长。

与此同时，从黄金供应方面来看，由于供应下降，供求缺口较大。所以黄金的开采量也会因印尼、南非及澳大利亚等地的产量骤降而下降。

如今又加上国际市场原油价格居高不下，从而也就加大了通货膨胀的可能。金融市场投机产品如石油、铜等不确定性增大，导致了黄金最有可能成为投机资金投机的新产品，从而也就扩大了黄金价格的波幅并助推黄金价格的上涨。事实上作为对冲通胀危险的最好的一种工具——黄金，大量的基金持仓是金价的强力支撑，预计未来仍然会有大量的基金停留在黄金市场上，对黄金的需求会进一步加大。

五大黄金理财定律

当今社会黄金投资作为一种金融保值品、资源品、消费品，无疑是在经济不稳定时期的最好的投资机会！本节就来为大家解读黄金五大理财定律：

定律一：凡是发现了可以让黄金为自己获利，并且使黄金像牧场羊群那样不断繁衍增值的英明主人，黄金也就将殷勤不懈且心甘情愿地为他努力工作。

黄金确实是一个乐意为你工作的奴仆，它总是渴望着在机会来临的时候替你多赚几倍的黄金回来。对每一个存有黄金的人来说，良好的投资机会便能使它发挥最有利可图的用处。

其实随着时光的推移，这些黄金将以令人惊讶的方式神奇增加。因此，作为一个黄金投资者，首先就应该具备一定的知识能力和心理素质，这样才可以让黄金在自己的手里不断地增长和繁衍，这也意味着你手中的财富会越来越多。

定律二：凡是能够把全部所得的 1/10 或者更多的钱储存起来，留着为自己和家庭未来之用的人，黄金就将很乐意进入他的家门，而且快速地增加。

任何人只要是能够认真履行将收入所得的1/10储存起来，同时明智地进行投资，那么也就必将创造出可观的财富，确保了自己将来依然有所进账，并且进一步确保自己辞世后家人的生活无忧。事实上积攒的钱财愈多，那么源源不断流进来的钱财也就愈多。这便是第一条法则的魅力所在。它保证黄金将乐意进入这种人的家门，有些比较成功的人士的一生便已充分证明了这一点。

定律三：凡是在自己不熟悉的行业或者用途上进行投资，或者是在投资老手所不赞成的行业或用途上进行投资的人，黄金都将从他的身边悄悄地溜走。

对那些拥有黄金却不会投资运用的人来说，很多的方法看起来都好像是有利可图。实际上这中间其实充满着让黄金遭受损失的极大风险。如果让智者和行家分析，他们必定可以判断出有些投资只有很小的获利性，有些投资会被套牢，还有一些投资者将会血本无归。所以说，没有理财经验的黄金主人若盲目信赖自己的判断力，把钱财投资在他不熟悉的生意或用途上，他通常会发现自己的判断愚蠢至极，从而最终赔掉了自己的财富。依照投资高手或智慧之人的忠告而进行投资的人，才是真正聪明的人。反之，自以为是、瞧不起别人的投资者是世界上最愚蠢的人，到最后，黄金只会离开他们。

定律四：凡是能够谨慎保护黄金，且会运用和投资黄金的人，黄金就会牢牢地被攥在他的手里。

黄金总是会紧紧跟随着审慎操持并守卫它们的主人，相反它们迅速逃离那些漫不经心的主人。向那些有理财智慧和经验丰富者寻求忠告的人，不但不会让自己的财富陷入任何的危险，还能够确保财富的安全和增值，并且享受着财富不断增加的满足感。足以可见，黄金也同样是可以“挑选”主人的，凡是谨慎行事并且具有智慧的人就会引来越来越多的黄金向他靠拢；相反，假如你粗心大意、鲁莽行事的话，黄金会在很短的时间离内你而去。

定律五：凡是能够将黄金强行运用在不可能获得的收益上，以及听从骗子诱人的建议，或者盲目相信自己毫无经验及天真的投资理念从而付出黄金的人，也就将使黄金一去不返。

其实初次拥有黄金的人，常常会遇到如同冒险故事一样迷人而又刺激的投资建议。通常这些建议就仿佛能赋予财富神奇的力量，似乎能够轻松赚进超乎常理的利润回报。但是务必要当心，有智慧的人都非常清楚，每一个能让人一夜之间成为暴发户的投资计划，背后一定隐藏着危险。所以，投资者要一步一个脚印，不要盲目贪大、求大，这样会适得其反。

黄金投资的误区

我们都知道现在黄金炒得很热，金价也一直在攀升。很多人认为世界将会面临大贬值，因此他们都认为黄金应该继续升值。但是应该注意的不管什么样的投资它都同样存在着风险和误区，下面我们就来看一下黄金投资都有哪些传统的误区？

1. 金饰是主流投资品

如今有很多的老百姓提到黄金投资，都不约而同地会联想到著名的黄金珠宝销售商场。通常在金价上涨的时候，很多的媒体也都会报道消费者购黄金的火爆情景。对于相当多的大众投资者来说，买金首饰就等于投资黄金。事实上这是一个投资误区。

严格来说，目前正规的黄金买卖交易当中，黄金饰品其实并非主流投资品种。因为在市场上黄金饰品需要变现出售的时候，通常按二手饰品估价，价格最高不超过新品的三分之二。如果出现了磨损或碰撞的痕迹，价格就会被压得更低。投资者的买入价与卖出价之间往往相差巨大。

一位黄金行业资深人士曾经说过，消费者出售黄金饰品的时候，金商会提出一些看似“合理的要求”：比如，在被要求铸成标准金条，不足标准金条克数要由消费者贴钱铸；不是标准金条的成色，还须交纳一定的鉴定费等，但这其中暗藏“猫腻”，一定要小心。

2. 长线投资

假如错误地认为长线持有黄金就能够抵御通货膨胀对个人资产的侵蚀，那么投资结果也就很有可能事与愿违。

投资者通常无法了解黄金开采、加工、消费等环节的情况，或者没有时间每天关注短期的黄金价格波动，因此多数投资者买入黄金就长线持有，希望实现资产的保值增值，抵御通胀的风险，但投资结果很可能事与愿违。

3. 频繁交易

事实上那些非专业的普通投资者，如果想要通过快进快出的方法来炒金获利，有可能就会以失望而告终。投资黄金需要关注国际国内政治经济等大量的信息。并且要具备相当的分析能力，事实上这一点对于大多数的投资者来说要求似乎高了些。此外，目前国内较多的纸黄金买卖手续费也是一笔不可忽视的费用，在一般的行情条件之下，如果想要在扣除这些费用后赚取价差几乎是没有可能的。

所以说投资黄金，更好的选择其实就应该作为一种中长期的投资。当前黄金正处于一个大的上升周期中，即使在相对高位买进，甚至被套，其实也不是什么严重的问题。

投资者不适合把黄金作为主要长线投资品种一共有以下三个原因：

第一，从供求关系上看，黄金开采的平均总成本大约只有 260 美元每盎司，远远低于现在的年平均价格 600 美元每盎司。因为开采技术的发展，而黄金开发成本在过去 20 年以来持续下跌。事实上黄金的需求从表面上看非常强劲，但是实际上却主要是工业用金和首饰用金，其实在工业上可替代黄金的新材料不断被发现，而首饰用金的需求在黄金价格太高的时候会明显减少。同时现在各国央行手中持有的储备黄金数量也相当于世界黄金 13 年的产量。所以，我们如果从供求的角度来看，黄金价格很难保持长期上涨势头。

第二，由于我国经济发展迅速，GDP 增长率高于美国

2~4 倍，所以长期通胀压力明显大于美国，然而国际黄金价格却是用美元标价，主要也就受美国通胀水平的影响。所以在我国使用黄金抵御通胀难度比国外还要大。

第三，我们从长期来看，黄金稳定的收益率几乎一直低于股市、债市、外汇市场、房地产业的收益，由于黄金本身不产生利息收入，而投资其他工具可获得股息、利息、租金等稳定收入，这些稳定的现金流入对长线投资收益会产生重大影响。我们来以美国 PowerShare 的外汇 ETF 的基金模型计算，该基金在过去 10 年炒外汇的年回报率是 11.48%，但其中仅仅外汇利息差异的收益就达到了 4.77%，这其实也就充分显示了长线投资品种有稳定现金流入时才可获得稳定高收益率。

如何鉴别黄金的真假

对于普通投资者而言，鉴别黄金真假并不是一件复杂的事。尤其在饰金中，不少黄金经过加工，就变得纯度不够。投资者需要加强这方面的知识储备。

纯金中大多会混入其他金属，用来制作金饰，称为“饰金”。按照专业的说法，确定饰金中纯金含量单位叫“金位”，英文叫“Carat”，一般称为“开”，按英语读音又简称“K”，因此饰金又称“K 金”。纯金为 24K。这样，1K 即代表金饰品中含有的纯金量占二十四分之一，如 14K 即表示含纯金 58%。在欧洲，金饰一般分为 14K、18K 和 22K 等多种。

那么，投资者个人如何分辨黄金中纯金的含量高低呢?

1. 辨色泽

黄金的纯度越高，色泽越深。投资者确定大体成色以青金为准则。所谓青金是指黄金内只含白银成分：深赤黄色成色在 95% 以上，浅赤黄色 90%~95%，淡黄色为 80%~85%，青黄色 65%~70%，色青带白光只有 50%~60%，微黄而呈白色就不到 50% 了。通常所说的“七青、八黄、九赤”可作参考。

2. 掂轻重

黄金的标准密度为 19.32g/cm^3，成色与密度关系较大，密度越接近 19.3 时，含纯金比例越高。密度为 18.5g/cm^3 时，含金 95%；密度为 17.8g/cm^3 时含金 90%，以此类推。因此只要测出比重便可知首饰的成色，如果没有专业的称量器材，一般可以先在手中掂量掂量，若略有沉甸感的就是了，因为同样重量的其他金属，如银、铜、锡、铅等重量与黄金相比也是不一样的。体积同样大小的黄金与其他金属比较，白银占黄金重量的45%，铜占46%，锡占38%，铅占59%。可见黄金体虽小质却重，若放于掌心，有沉坠感。对较大而又较轻的黄金饰品应警惕，以此辨别是否伪品或半伪品。作为消费者尤其需要注意的是，当前市场出售的金首饰中，许多是亚金制品。所谓亚金，实际上是一点儿金的成分也没有。它虽具有硬度低、耐磨不变色等类似黄金的特点，但却是由铜、铝、镍等金属制成的合金材料。

3. 看硬度

纯金具有柔软、硬度低的特点，用指甲能划出浅痕，牙咬能留下牙印，成色高的黄金饰品比成色低的柔软，如果含铜越多就会越硬。此外，折弯法也能试验硬度，纯金柔软，容易折弯，纯度越低，越不易折弯。

4. 听声音

将成色在99%以上的真金往硬地上抛掷，会发出“叭嗒”的声音，有声无韵也无弹力。假的或成色低的黄金扔到硬地上，声音脆而无沉闷感，一般发出“当当”的响声，而且声有余音，落地后跳动剧烈。

5. 用火烧

用火将要鉴别的饰品烧红，不要使饰品熔化变形，冷却后观察颜色变化，如表面仍呈原来黄金色泽则是纯金；如颜色变暗或不同程度变黑，则不是纯金。一般成色越低，颜色越浓，全部变黑，说明是假金饰品。

6. 看标记

国产黄金饰品都是按国际标准提纯配制成的，并打上戳记，如“24K”标明“足赤”或“足金”，而成色低于10K，就不能打K金印号了。

市场上充斥着不少假黄金饰品，制造假牌号、仿制戳记，用稀金、亚金甚至黄铜等材料冒充真金的现象屡见不鲜，消费者鉴别黄金饰品一定要根据样品进行综合判定来确定真假。

第三章
做好理财规划，提高家庭生活质量

第一节　既要会挣钱，也要会花钱

量入为出，消费的金科玉律

正常情况下，个人的支出取决于他所能得到的收入，而个人的财富多少，又取决于他的支出。收入是“源”，支出是“流”，想要积累财富，第一守则就是要量入为出，它也是消费的金科玉律。

为什么要量入为出？因为违反这一规则的不良后果有两个：

1. 没有稳定积累的资本

每天都期盼着成为富人，却没有积累下一分钱的资本，这不是很矛盾？财富梦若以这样的情况做背景，怎么可能实现？

量入为出，就是为了积累资本，就是为了更快地拥有财富。在你所能控制的范围内，只要能省下钱，哪怕只积累一点点都是你无尽财富的开端。

2. 背负不必要的债务

一旦超过了量入为出的界限，就不得不承担一些债务。于是，在每次拿到自己的工资的时候，首先要还债，可是还完债，到了月底又不够用，还要继续借债……

背负这些债务，你还能快乐得起来吗？一时的挥霍，可能几个月都要过着因此导致的连锁的紧张日子。不要说实现财富梦想，一日三餐都可能成为每天早上一起床就觉得头痛的问题。

一个人为了眼前的快乐，突破自己收入的底线，结果就是一段较长时间的不快乐。如此不等价的交换，根本不是理财者想要的效果。无论什么人，若想要以后能过上富足的生活，就必须要克制住自己的欲望，必须从量入为出做起。

量入为出，对任何人来说都不是苛求。做到量入为出，你也就掌控了自己的消费，掌控了自己的欲望，掌控了自己的财富。

日常生活不可不知的理财经

有一句话说："小事成就大事，细节成就完美。"用在理财上，我们可以这么说："小财决定致富，细节成就积累。"日常生活中很多地方的开销都可以合理节制，只要你懂得以下技巧，你就可以发现生活中充满节省的乐趣。

1."打的"也要懂得技巧

（1）假如需要赶时间但又在上下班的时间里，就可以去挑一些小公司牌照的出租车来乘坐。其目的就是利用这些司机对本市道路熟悉的优势，让小路变成通途。而一些大出租车公司的司机，来自郊区的居多，不太熟悉城市里的小巷小道，有的甚至还需要你领路。

（2）在你外出办事的时候在可报销车费的情况之下，选择来回走不很熟悉且希望熟悉的路，为日后的外出办事作铺垫。

（3）学会适时地换乘。当打的路程超过10公里的时候，每公里单价就会涨为3元，因此如果你的目的地路程预计在14~20公里之间，那么你就不妨在行驶到10公里的时候，换乘另一辆出租车，重新开始计费。

值得我们注意的是，当你所乘坐的出租车的方向与目的地不一致，需要绕道或者掉头的时候，你可以马上就提醒司机：摆正位子后再按计价机；然后尽量用现金结算，尤其是遇到司机绕了远路，或者因为车程特别长的时候，能给自己一个“杀价”的机会。

2. 怎样节电

现在每一个家庭的电费支出，大约是过去的100倍。如果想要把这么高的电费降下来，不能光是依靠“大灯换小灯”的原始方法。还要学会合理地利用时间差，申请安装分时电表，不失为一个不错的办法。晚上10点的时候用电是白天的一半电费真是划算。可是一些家庭安装了分时电表，电费反而增加了，这是什么原因呢？

事实上，分时电表的计算技术与我们传统意义上的电表不同，它是比较准确地把握住了我们家庭的全部耗电的总量。也就是说只要是接入电源，家里的彩电、音响、电脑、充电器、饮水机、脱排机、空调等，不论亮的是红灯还是黄灯，甚至不亮灯，都能够通过敏感的分时电表反映出来，这个时候你家的电表就会转动，计费同样也就在所难免了。

而家电待机时的耗电量，洗衣机每月大概0.2度电，其余家电的待机耗电量，通常是其工作时的 15% ~20%。假如不把它当作一回事的话，那么长此以往，也就产生了约 20% 及以上的电费支出。

所以要节电就必须要做到以下几点：一是经常使用的家电，能够进行“待机”处理，并且选择带有开关的外接接线板，以便能够在离开的时候关闭。二是不经常使用的家电，一定要坚决即时地拔掉电源，一来能够避免无谓耗电，二来在雷雨季节也不至于遭到电击而损坏家电。

3. 学会做差价文章

如今，鳞次栉比的超市及其让利、打折，委实让人看不懂。可是不管是让利还是打折，都有一定的规律。其规律也就是此起彼伏，正所谓“你方唱罢我上场”，因此看似乱哄哄、眼花缭乱，实际上就是商家的“约定”。

张某喜欢逛超市，如沃尔玛、物美、华联、易初莲花、家乐福等。只要是超市，她总是要进去逛一逛的。久而久之，购物的规律也就找到了：通常在让利、打折的背后，还有着极大的理财空间。因此，我们利用超市让利、打折的差价，在短短一个月之内就可以省下不小的一笔钱。

4. 学会使用贷记卡

贷记卡的好处，就在于可以免息透支。我们就以中国银行的长城人民币贷记卡为例吧，可以先透支再还款，最长能够享受长达56天的免息期。并且贷记卡还能够同时实现取现透支和消费透支。

所以我们就可以根据自己的“私房钱”的额度，去办理一张贷记卡。当我们自己的父母兄弟姐妹需要你意思意思的时候，当你的同事因为红白喜事人来客往需要应酬的时候，抑或你自己为同桌的她、朦胧的情及莫名其妙的意外消费而囊中羞涩的时候，贷记卡将是功不可没的。事实上，贷记卡的开户，根本不必像信用卡那样需要有一定的担保做保障，更无须像借记卡那样需要存上一笔钱。贷记卡能够让你用足政策。

假如全年透支额度平均在1万~2万元的话，那就等于你赚得的利息在300元以上。但是你是必须时时刻刻地关心自己的免息期，以防不测。

家庭记账好处多

美国著名理财专家柯特·康宁汉曾经说过：“不能养成

良好的理财习惯，即使拥有博士学位，也难以摆脱贫穷。”虽然说记账看似琐碎，但却是对理财有大益的好习惯，它可以每个月帮你省下很多的细小开销，让你把钱都投入为未来幸福而理财的计划当中。养成记账习惯过程有些人觉得很痛苦，而且看起来小钱并不起眼，但是很多人就是靠着这习惯“有钱了一辈子”。

理财中开源和节流两者必须兼顾，这就像人的腿一样，左右都很重要。每个家庭一定要结合自己家庭的实际情况处理好这两方面的关系。每个家庭都会有这样或者那样的开支，平时手里的钱不知道是怎么花的，总是到最后所剩无几。这种情况是理财的大敌，所以我们要学会记账。而且在中国记账也是一个优良传统，到底记账有什么好处呢？

1. 要想充分掌握好家庭的开销项目，最好的方法就是记家庭账，这可以为你的家庭开支提供一些可供参考的数据。每个记账的家庭可以很直观地观察到自己可以在哪里节省一笔开支，而哪些开支又是必须要花的。要使所有的开支计划都是有意义的，就必须了解家庭每月的固定收入及日常生活支出情况。因此记账可以使家庭掌握其开销与收入的规律，使日常生活条理化，保持勤俭节约。

2. 记账控制开支，可以降低家庭纠纷，促进家庭和谐。据有关学科专家调查发现：经济纠纷是家庭破裂的重要原因之一。尤其是在成员较多的家庭，日常生活的开支较为零碎，若是不记账，时间长了，开支很容易成为家庭矛盾的导火索。你说我出钱少，我说你吝啬，或者埋怨家长偏心。这就使得家庭很容易产生纠纷。如果家里有一本流水账，成员中谁负担了多少，一目了然，谁也无话可说。

3. 通过家庭记账簿还可以看出自己家庭渐渐富裕的过程，增强家庭责任感。如果家庭流水账记了 10 年、20 年，通过这个坚持不懈的习惯，看得出自己家庭收入和支出的变化，看得出自己努力和家庭生活水平的提高，每个人都会找到自己的家庭责任感。

4. 对于专业户、个体户来说，记账就更加重要了。因为他们可以从家庭账簿中，获取有用的经济信息，看出一些商品的供求规律，以及养殖什么最赚钱，从而及时改变经营方针，提高经营技巧。

5. 家庭账簿本身就是一个备忘录。亲友借债或馈赠这类事情，碍于人情一般没有借条收据，时间一长，就可能会疏漏或者遗忘掉，记家庭流水账，就可以做到有账可查，心中有数。

在养成记账的习惯后，我们就可以弄清楚自己的收入和开支的具体情况,那么了解了情况我们就可以在细节上注意，以达到“节流”的效果。

可以“节流”的细节有很多，先在这里大概说上几条：

（1）尽量在家吃饭，干净、实惠。

（2）护肤品只买对的不买贵的，不要跟风，相信自己。

（3）衣服买品牌，要看打折时机，并且买大方的样子，耐穿，有档次。

（4）不好面子，坚持自己，不要为自己的虚荣心花钱，你看别人穿皮草，你也要买。

（5）尽量坐公交，环保、节省。

（6）节约用水用电，这不是抠门，这是环保的大事情，我们从自己一点点的坚持，中国人的素质才能越来越高。

（7）超市购物有计划，省时间，又不会乱花，有卡的朋友不要以为这不是钱就乱买哦，可以充分利用这些卡买小电器，节省。

这些小细节平时看起来都不甚起眼，但是，如果你具体记在账上，日积月累就会发现一个道理——积少成多。

会“用”钱才能省钱

1. 按需花钱

只有需要的消费才是最好的，那些用不到的东西就算再便宜也不要买，因为它只能成为摆设。

有的人经常是看到打折的便宜货就兴奋不已，在商场里泡上半天，不分好赖一律买回家，然后就不再用了，看似省了钱，实际上买了很多并不需要或者暂时不需要的东西，纯属额外开支，其实是更大的浪费。如果的确需要，哪怕贵点，买回家也有实际的作用。

2. 自己动手，丰衣足食

要省钱的话，尽量少在外面吃饭。比如在饭店里吃一碟拌黄瓜，可能就要 12 块钱；而在家里自己做拌黄瓜两块钱就能解决，而且分量多，还卫生。

3. 开源挣钱

俗话说，钱不是省出来的。省钱虽然是攒钱的一个途径，但毕竟不是主要途径。在不影响日常工作的前提下，可以在业余时间想方法开源挣钱，给自己的生活不断地添砖加瓦。

4. 从细处入手，在平常的生活开支中严谨理财

居家过日子，进进出出的开支非常零星。一日三餐、交通、娱乐，看上去似乎每一笔花销都很少很固定，但是就是这些固定的支出，在月底时也会让你吓一跳：不仅大大超出预算，而且你还弄不清钱都花到哪里去了。

防止这种情况，可以选择记“流水账”来控制家庭财务。准备一个账本，切实记下每日经常性和偶然性的每一笔开支，让自己对口袋里钱的去向一目了然，而且时间长了就能摸清哪些花费是必要的，哪些“意外开支”是可以避免的。

5. 给自己的花钱制订一个计划

事先制订计划是使事情有条不紊顺利进行的前提，花钱也是一样。

很多人不知道自己什么时候应该买什么，只有到急需的那一刻才匆忙地去买，而且在买的时候草草了事，不经过仔细选择和比较；看见自己喜欢的衣服想都不想就迫不及待地购买，结果买到的永远是高价；买东西总是零零散散地购买，不知道集中到一起……这都是没有计划的理财行为，也是你需求未增却总是超支的原因。

所以，制订一个计划很重要。

6. 选择购物的最佳时机

购物可打时间差，是省钱的一大诀窍。配合时间性或者季节买东西，往往能省下不少开销。比如，当季的蔬菜水果便宜，要选择适合季节的水果蔬菜来买，不仅新鲜而且实惠；买菜可避开早市高峰，每天中午或傍晚是买菜的“最佳时机”，如此“逆购法”可省下30%~50%的开支；换季的衣服有打折，可以利用季节差价买衣服达到省钱的目的，冬天买夏衣，夏季购冬装，在购买时需要注意一些细节，比如，买换季的衣服时要注意品质及要挑选非流行性的款式，这样在来年穿上不致过时。

7. 选择购物的最佳地点

大型综合类超市购物方便，且价格也较便宜，但琳琅满目的陈列很容易激起人们的购买欲望，很容易超出预算。所以，在购买消耗量大的生活必需品或者与朋友合买分摊时最适宜去这种超市。

那种针对某类商品的超市，如家用电器、通信产品等，多以连锁方式经营，其品质与服务很好，价格又较低，也能吸引不少消费者。

此外，抓住地区价差可买便宜货，想要杭州的茶叶、新疆的葡萄干、云南的火腿，可托人到产地直接购买，一些小零小散的日常用品可利用批零差价来减少支出。

8. 集体购买，采取团购的方式去购物

很多时候，采用“集体购买”的方式可以获得较大的折扣，这种方式很适合购买价值较大的商品。

9. 要会讲价

讲价是一门学问，价格高的东西并不意味着价值也高。消费者要货比三家，买到品质好又价格合理的东西。要做到讲价有成果，需要多吸收商品流通信息，培养识货的能力。

平时多阅读报纸、杂志的商品报道，但要注意其广告性质的介入，分析报道的可信度。最有直接效果的信息，应是一些分析报道,对品质价格等方面只做分析评估但不做结论。这种客观报道偶见报端，极有参考价值。

10. 买新不如租赁

现在是买方市场，市场商品丰富多彩，除去必要的生活用品如家具、冰箱、微波炉等，有些物品可以采用租赁的方法，既方便又省钱。对于那些阶段性会用到的物品或者高档用品，可以选择租赁的方式。比如，儿童用的童车、专用床等属于阶段性用品，而高档玩具、钢琴、电子游戏机等属于

价钱较贵的商品，租赁比较合算。此外，家用电脑、婚纱、装修用电动工具也可采用租赁的方法，因为电子产品升级换代快，而且有些高档用品只是一次性使用，买下来闲置大于使用，就会浪费资金。

11. 让自己掌握一些小型维修技术

在平时要养成一个勤动脑、勤动手的良好习惯，对家用电器和机械物品的原理及维修知识要多懂一些。同时，再配备一套简易的维修工具，如扳手、钳子、螺丝刀、斧子、锯子、刨子、钉子等。这样，当电器机械、装饰品、木器等发生一些小故障和小毛病时，就可以自己动手修理，不仅能节省开支，还能丰富自己的业余生活，增长各方面的知识。

12. 买车不如“坐车”

拥有一辆自己的汽车是许多人的梦想，但从经济角度衡量，却不是一件合算的事情。就算你能买得起，也养不起，买车后的许多费用都很多不说，而且，车买来并不是每天都能派上用场，闲置不用同样需要费用。

相比买车来说，坐公交地铁会更加实惠，如果你实在忍受不了拥挤，出租车越来越多，“打的”也很方便，花钱也不多，方便省力，比买车实惠多了。

13. 要为风险投保

如今社会，计划赶不上变化的事越来越多，各种风险不断增加。理财要从长远考虑，用一定的支出为未来做出保障，为风险投保。只有善于理财和懂得分散风险的人，才是一个懂得生活的人。

14. 要使物尽其用

要树立勤俭节约、艰苦朴素的优良传统，从小处着手，养成优化利用各种物品的习惯，做到不浪费任何一个物品。

避免资产不断流失

造成资产不断流失的漏洞主要有以下几种：

1. 贪婪和欲望，不切实际的追求财富，导致投机

很多人都会做白日梦，就是一夜致富、坐拥高利，于是有的人就会利用人性的欲望和弱点，让你在有意无意之间，付出惨痛的代价。例如，以内线名牌诱惑你，或者怂恿你参加未上市公司的投资计划，如果你抵挡不住诱惑，想要“以小博大”，通常不会得到自己想要的结果，反而会血本无归，使投资有去无回。

所以，挣钱还是一步一个脚印比较好，投机的做法只会

让自己越赔越多。

2. 理财理念和方式没有随着时代的变化而改变

社会环境是不断变化的，经济条件也是不断发展的，过去的理财模式就算在当时取得了很好的效果，但不一定会适用于现在，过去积累财富的途径可能在今天效率也会变低。

比如，以前存款利率很高，定期存款是大多数人的理财方式，而且依赖定存就可以安度退休生活，但是现今利率低，通货膨胀严重，如果不在年轻的时候积极理财，仅有的资金很快就会被花完，根本不可能让自己安度晚年。所以，理财要懂得变通，适应新情况的发展。

3. 盲目投资

不管你是选择什么理财工具，都需要具有一定的经济实力、相当的专业知识和较强的分析判断能力。如果你不了解理财工具的基本知识和运行规律，看到别人赚钱就心动，于是跟风、盲目入市，只能把自己的积蓄白白填进无底洞。就算没有被套牢，但由于对整体市场情况不了解，错失高价位抛出的良机，也会白白丧失赚钱的机遇。

4. 购物非理性，不顾自己实力盲目透支

每个人看到自己喜欢的物品都会想要把它据为己有，但

是不顾实际情况和自己需要盲目地进行消费，就是冲动性购物。现如今，电视购物、分期付款等也为随意透支提供了便利，很多人在听到每天只要付出几十块甚至几百块，就能享受国外旅行、高单价的名牌奢侈品时，总是抵制不了诱惑，但是如果你每天节省同样的金额，长期累积之后，就会得到更大的收获。有计划地消费、避免冲动性购物、杜绝过度消费、克制购物欲望都是省钱的要诀。

5. 信用问题

塑胶货币盛行及无担保品的贷款方式，如信用卡或小额信贷，突显了“信用有价”的事实，过去几年发生在日本、韩国的卡债风暴，让我们看清随意扩充信用、滥用预借现金或循环利息所造成的严重社会问题。以韩国与日本为例，通过信用卡借贷的资金成本大约是年息 20%~30%，这对任何一个工薪阶层的上班族来说都是一笔承受不起与还不起的超级负债。

不论是工薪阶层还是自行创业，我们的收入都有可能随着所处行业景气循环、工作业绩表现、公司营运状况而有所变化。

第二节　日常省钱有秘诀

斤斤计较的买菜省钱法

理财是个时刻需要注意的事情，就算买菜也不例外。每日三餐如果自己开伙，买菜也是必不可少的功课。月底算一下，一家人每月的蔬菜开销还真是一笔不小的开支。有些工薪族在这方面就比较留意，一些时间充足的工薪族宁愿每天花半个多小时，步行加乘车、乘坐地铁，赶去买便宜菜。

上海松江、闵行、卢湾、黄浦 4 个区的 7 家菜场，有不少大型普通住宅区附近的菜场菜价较其周边菜市场的菜价便宜。

到周末时间，就算上午已经过了 10 点，但合肥路、肇周路上的唐家湾菜场依然人声鼎沸。原来与周边的马当路菜场、大境菜场相比，他们那里的菜价特别便宜，比如，这里的青菜 1 元一斤，鸡毛菜 2 元一斤，冬瓜 5 角一斤，蔬菜至少比“马当路”“大境”两家菜场便宜 20%~30%，因而引来临近区的一些工薪族买菜。徐汇区的康乐菜市场，周边居住了康健、康乐、田林地区大量工薪阶层。

家住南丹路、乘43路车赶来买菜的王小姐说，如果在自己家附近的文定菜场买菜，蔬菜一般要贵30%，肉价相差不多，鲫鱼、鳊鱼、鲈鱼等也要贵20%左右。在“唐家湾”买菜，一个月至少可以节省200元左右的菜钱。反正车费又不算很贵，和节省的菜价相比还是要便宜很多，你说这笔账划算不划算？

不过并不是买便宜菜就要跨区进行，一直以来，人们认为离中心城区越远，那里菜市场的菜价就越便宜，其实在实际中这样的说法并不成立。有时候，买菜不一定需要跨区，只要有一双慧眼，在自己住处菜市场附近也可以发现便宜的蔬菜。

菜价主要由场地出租费用、摊主经营状况和周边住户的经济条件、消费人气这四方面的因素决定。有时候相邻一个路口的菜市场也会出现菜价差异，那些拥有大批别墅、高档小区，但住户总量不多的菜市场中，摊主总体经营状况不佳。而另外一些地区租金同样不贵，但有一定的经营规模，消费者又多半是工薪阶层，菜价势必会便宜很多。

工薪阶层要想做个厨房的好手，得先做买菜的能手。那么，大家知道怎么买菜才能省钱吗？这可是个经验活儿。大致说来，省钱买菜要注意以下几点：

1. 买菜出门前，先做好计划

由于时间关系，工薪族不可能天天逛菜市场。所以出门买菜前，一定要对冰箱内菜的存量进行一次彻底的检查。不然，会容易出现重复购买的现象，从而造成浪费。如果在购买之前检查一下冰箱里的库存，对近两天的肉、菜搭配做一个计划，到了市场就可以做到有的放矢，而不会出现盲目购买的现象了。

2. 寻找固定摊位，做个老主顾

去菜市场之前，先了解一下哪个摊主的菜既新鲜又便宜，最好摊主有电子秤，日后买菜可选择其作为固定的摊位来买菜。固定菜场买菜的几个摊位，混个脸熟，时间长了，摊主会在买菜的时候把 2 角、3 角不等的零头抹掉。就算一不小心，把菜落在摊位上了，摊主也可能会继续给留着。

3. 早晨不买菜，打好时间差

选择在中午或者傍晚人少的时候才去菜市场买菜是一种正确选择。清晨，卖菜人会因为菜新鲜，又觉得一般清早买菜的人都比较忙，没时间讨价还价，所以就把菜价定得很高。

而到了中午，买菜的人就少了，菜价也降下来了。对于那些懂点经济学的工薪族来说，这一点也不难理解。

虽然菜没有清晨新鲜水灵，但营养成分差不多，菜钱也可以省下至少1/3。天天买菜，时间长了就可以省下不少钱。“卖菜要赶早，买菜则要赶晚”说的就是这个理。特别是下午5点到6点，菜市场快要结束的时候，水产、蔬菜的价格要比早上低很多，而这正是捡便宜的时候。

4. 鱼、肉、鲜虾去超市，蔬菜水果去市场

一般来说，超市人流量大，商品流通快，肉和海鲜很新鲜，而且比菜场便宜很多，碰上折扣活动，更是会便宜很多。总体来说，超市的蔬菜比菜场贵，所以大部分的蔬菜水果可以选择在菜市场买。

在选择的过程中，未必要选大个的买，不论个儿是大还是小，营养都一样，但是在价格上，小土豆要比大土豆便宜好多，所以这时候不妨买些小的，可以省不少钱。

在不知不觉的买菜中，工薪族又能为自己节省下一笔银子。斤斤计较地去买菜，不但可以省钱，而且还可以培养自己节约理财的好习惯。

购物不要冲动

冲动性购买，就是指那些没有经过充分了解、比较，也没有经过慎重考虑，看到别人买自己也去购买，或被一些夸大的宣传所欺骗，一时感情冲动而去购买商品的行为。

很多人都或多或少地犯有这样的毛病：控制不住自己想买的冲动，但是买了又后悔……

那么如何才能避免冲动性购买呢？

1. 要了解我国市场的现状，不被夸大其词的广告所迷惑

就拿家用电器来说，电视机、电冰箱、收录机、洗衣机等产品，有的市场上还供不应求。而一些不具备生产条件的企业为了赚钱，生产假冒次劣产品，坑骗消费者。

对于这些情况，消费者要充分估计到，提高警觉，注意鉴别，不要被广告宣传所迷惑。凭一时冲动，购买质量差的产品，过后维修又不保证，那将会带来许多烦恼。

2. 要学点商品知识，不仅可以避免冲动性购买，也可以更好地鉴别商品的质量

比如，家用电器的价格一般都是国家统一定价，不是处理品的一般不会以低于国家牌价售出。因此，如碰到什么“优惠”“降价”等宣传广告，就要注意鉴别，千万不要为贪图小便宜而匆忙购买。

3. 购物要有计划，不能盲目

在购物之前最好要列个清单，对于要买什么做到心中有数，只有购买了真正需要的东西，才不会因为冲动购物而后悔。

在提前计划好后，也不要急于出手，而是要多转，多留意商场的打折信息，同时关注一下日常物品的价格，等到合适时再拿下。

一般情况下，节假日、店庆、开业、重新装修、转让清仓时商店会打折。店庆、开业比节假日打折力度要大，平时一些从不打折的商品或多或少有些折扣或赠品。重新装修、转让清仓一般打折力度比店庆更大,往往能淘到超值的东西，但你要保证自己有足够的时间。

此外，有机会一定要办会员卡，除了享受折扣，而且什么打折活动都会有短信提醒。如果你看上一个很喜欢的商品，但是购买机会少，也可以像朋友借会员卡购买。

4. 要学会砍价

买家电或者数码产品时，尽量货比三家，找出报价最低的一家，以这个底价换家商场再讲价。一般情况下，只要价格合理、不赔钱，为了拉住这个客户，商家会选择作出让步。

当然，讲价不能太离谱，毕竟商人也要赚钱。如果商家给出一个低得你都不相信的价格,说不定是商品质量有问题。

5. 谨慎购买流行产品

流行并不代表永恒，一定要记住这一点，理智对待流行商品。

流行商品一般指本年度或本季流行和时髦的商品，多是衣服、鞋类、饰物和一些日用品。

流行商品大多款式新颖、别致，刚推出的时候非常具有诱惑力，价格会很高，而一旦流行风退却后，价格会猛跌。

盲目追赶潮流，购买大量的流行商品是弊大于利的。

首先，容易流行的也容易过时。因为流行商品大多是时尚产品，一旦过时，就会失去其魅力，随之降低或失去使用价值。

其次，流行商品会掩饰一个人的个性。流行商品之所以流行，是因为它迎合了大众的口味，所以过于大众化，穿用起来缺乏个性色彩。如果你十分注意个性风格，这种商品一定要回避。

最后，流行商品很容易出现假冒伪劣商品。当某种商品一流行，会被大量仿制，其中不乏粗制滥造者，令人真假难辨，购买时稍不注意就会买回劣质假冒货。

所以，对于大规模流行的商品，选购时一定要慎重考虑，避免造成不必要的浪费。

6. 谨慎购买打折商品

季末、周末、店庆、节日……都是商家打折的最佳时机。消费者在购物时，要摸清每个商品的打折习惯，一些常年不打折的品牌具有保值性，只要需要，在保证质量的基础上随时可以买；那些总是减价的商品，如果只打八九折可以等一段时间再决定是否购买……

选择大商场、名牌店，质量有保证，还能以打折价享受名牌设计。

在购买衣服时，最好事先对适合自己及家人风格的款式做到心中有数，然后在购买时要注意服装吊牌上的成分和价格，有时有些商品即便打三折，但因底价太高，依旧不划算。

对于高档服装，如皮装、羊绒大衣、西装等，不会一两季便淘汰，可以趁打折时选择适合个人风格的基本款式，可以穿好几季；像衬衫、毛衣、T 恤、牛仔裤等百搭的衣服，可趁打折多买一些；名牌店的围巾、手套、丝巾、皮带、钱包等饰物，只要设计风格适合，可多用两季，不易淘汰，可趁打折时买进；套装最好买整套的，同一品牌推荐的一套完整搭配，一般都很不错。

季末打折前可以先注意下季流行趋势，选择颜色、款式时要有超前眼光，在选择时要有方向性，考虑到自己缺哪方面的服装。

另外，在购买“打折”商品时，消费者还要注意以下几点：

首先，在购买打折商品时，一定要保持理性购物的心态，在选购商品时，不要单凭价格决定消费，而是要注意商品的内在品质。此外，也要注意商家出具的打折商品发票的内容，因为如果商家在发票上标明“处理品”字样的，按照我国的法律规定，处理商品是不享受“三包”售后服务的。

日常省钱的七大秘诀

1. 学会只买生活必需品

如今家里的生活用品变得越来越多，而用于生活开支也随之越来越大，如果你想节省开支就必须尽量减少那些可有可无的用品的开支，只买生活必需品。同时在你购买之前，你还是应该先想一想你是不是真的需要。比如，或许你会很高兴地以六折的价钱买一件高档的晚礼服，穿上它的你如同电影明星，但是在买之前你也要考虑好：你是否有机会穿上它。

2. 尽量减少“物超所值”的消费

其实，有些交年费的活动看上去十分划算，但事实上你很少能够用到这些服务。例如，你花 1500 元就能在全年使用健身中心的所有器材。有的时候你或许会为此动心，觉得自己去一次就得几十元，一年能去十次就不亏了，最终花了 1500 元办了证，可是在一年之内没去几次，算下来比每次单独买票还要贵；公园的年票也同样是如此，办的时候觉得很划算，年底一看没去几次，一算还不如买门票便宜；还有手机话费套餐，原本短信费可以 20 元包 300 条，如果不包月则就要 0.1 元一条，你如果一个月只发 100 条，不包月的话就只要 10 元，若包月则要 20 元，那样就太不划算了。

3. 学会打时间差

事实上，打时间差也就是利用时间对冲，这也是最基本的省钱招数。商家利用时间差进行销售，消费者如果能够利用好时间差就可以省一笔，如反季节购买，在夏季买冬季的衣服就能够为自己省不少钱。还有“黄金周”出游，这是因为全国人民都挤在了一起，耗时耗力还必须要支付更贵的门票，经常让人苦不堪言，而改变的方式也十分简单，可以利用自己的带薪休假，将假期推迟 1~2 个礼拜，看到的风景当然就会不一样。而买折扣机票选择早晚时段的乘客相对较少，也是相对地优惠，至于到 KTV 去享受几小时的折扣欢唱，或者到高档餐厅喝下午茶，换季买衣服，也同样是切切实实地节省金钱的好办法。

4. 学会打“批发”牌

通常，商品的价格都会有出厂价、批发价和零售价，同一个商品有不同的价格主要是由销售规模所决定的，规模能够产生一定的效益，也就正所谓“薄利多销”，因此当你的需求量较大的时候自然地就能获得低价格。对于那些长期储存而且不会变质的物品，最好是能够一次多购点，如卫生纸、洗衣粉等。大宗消费假如可以联系到多个人一起购买会省得更多，如买车、买房、装修、买家电等。

5. 不要一味要求最好

不求最好事实上就是一个有效的节俭策略，但是前提是不能够降低生活质量。在保证生活质量的前提下，适当牺牲一点舒适度，可以节省几张钞票也未尝不可。例如KTV，在晚上的黄金时段一般价格都很高，假如你能够牺牲一下早上睡懒觉的时间，和朋友们在清晨赶到KTV，价格就会变得非常低，酣畅淋漓之后还能为你省下不少的钞票。

再比如拼装电脑和品牌电脑，品牌电脑的系统配置好、售后服务好，但是价格偏高。而如果自己拼装机子除了多花一些精力组装外，一样用着非常地舒服，还能给自己省下不少钱。

6. 时间、精力能够换来金钱

事实上，理财是辛苦活，当然也就需要花费一定的时间和精力。例如，收集广告就是既劳神又费力的活，有的时候还需要广泛动员，号召自己的家人参与进来，超市的优惠卡、报纸上的折扣广告、折扣券及在网上下载打印肯德基麦当劳等各种各样的优惠券。其实所有的这一切都需要专门收纳，不是有心人非常难做到。但是你如果无心的话，不了解价格行情，进了超市就买，这样就会白搭进去很多钱，吃很多亏的。

7. 要学会利用先进科技工具

其实所讲的先进科技工具就是网络。网络上的信息传播非常快，它也是很多人用来消费省钱的工具。例如，在网络上可以迅速地聚集网友来组团，也可以在最短的时间内知道某种商品的最低价格。有很多网络上的业务都处于推广的阶段，通常会有一定的优惠。例如，电子银行的业务促销，既有时代特征又有实际优惠，用建行的“速汇通”进行电话银行划转汇款费用八折、网上银行划转费用六折，所以说科技含量越高越合算。

六大网购省钱秘籍

好像是在一夜之间，网购就已经成了风靡办公室的时尚行动。大家都会不约而同地上网买东西，而在办公室里就有一些人总是能够花更少的钱买到更多的东西，就连出去吃饭，他们也能够比别人便宜。

秘籍一：学会上折扣网

上折扣网购物能为我们节省 10% 的花费，其实道理非常简单，大部分的网上购物网站，在其他网站上也同样会做广告，通常在该网站有用户购买的时候，就会给该网站一个以销售额计算的佣金（这其实也就是按照效果付费的广告），而网购折扣网不太一样，它是把这部分的佣金还给用户。我们还需注意的就是每次都必须通过网购折扣网提供的链接访问相关购物网站，倘若你直接点击，是根本没有积分的。

秘籍二：利用比价软件淘实惠

通常网上的比价系统能够通过互联网来实时地查询所有网上销售商品的信息，尤其是适用于图书、实体工具等品牌附加值较低的商品，如果你想知道某件东西在各大网站上的价格，只需在搜索栏里打入商品的名称，点击查询就可以一目了然了，就是货比三万家也不难。

秘籍三：以物换物

有一些女性朋友在购买化妆品的速度上简直让人叹为观止，瓶瓶罐罐的小样也有一大堆，放着浪费送人又舍不得，恰好在她们上网闲逛的时候都会看到有一个换物网，这个网站注册成会员后就能发布自己要交换的物品信息，所以有大批的女性朋友尝试之后，为自己换购了许多其他有用的东西，比如多出了音箱、鼠标、MP3……

当你做过换客之后，你就会发觉：换物的时候一定要保证良好的心态，不能以换的东西值多少钱去衡量，而要看那东西你需不需要，或者你有没有这个时间和精力去购买。

秘籍四：养成积攒电子消费券的习惯

吃饭如何省钱呢？在网上可以下载和打印很多店家的消

费券，如肯德基、麦当劳、吉野家、巴西烤肉餐厅、老山东牛杂……各式各样的餐厅应有尽有。就以肯德基来说吧，首先在肯德基的官网上注册成新会员，然后你就可以随意下载打印打折券。一般凭券消费能够省五到十块钱，不要小看这些小钱，一个月下来也许是不小的一笔。而电子消费券就更厉害了，像当当网就经常会向消费者友情赠送电子消费券，面额在20元到50元不等，买本好书已经绰绰有余了。

秘籍五：学会充分利用免费资源

我们都知道网络资源无奇不有，但是关键要看你怎么用。随着近年来省钱计划的展开，人们也都纷纷谈起了自己的心得体会，其实得出的最重要的一点就是：充分利用免费资源。

1. 学会打网络电话。比如，情侣之间打电话的频率难免会很高，这样一来电话费也会因此而水涨船高，所以这时就可以使用网络电话。

2. 在网上看免费电影。大家上网可以搜索到一个电信网通都能下载的看电影软件。只要下载安装了这个软件，就能够进入它的社区看电影和电视剧了，而且更新速度非常快，安全无病毒。

3. 学会下载电子杂志。其实化妆品达人当然不会放过各种各样的时尚杂志了。可是动辄二十几块钱累积起来的也是一笔不少的花费。最后算下来，还是上网下载免费的时尚杂志来得合算。

秘籍六：在网上申购基金能够节省四成费用

近些年，多家基金公司也都相继推出了基金大比例分红、优惠申购促销的业务。在优惠活动结束之后，投资者是不是还有其他渠道或其他方式优惠申购基金？经过调查，投资者可以通过网上申购基金，能节省四成申购费用。

通常是通过基金公司或者部分银行的网上交易系统，当投资者在注册开户之后，就可以足不出户地进行基金申购赎回等各种交易，同时你的申购费率不高于六折。

节日消费也能省钱

节假日是促进消费的好时机，被称为“假日经济”，“假日经济”创造了一种双赢的经济模式。首先，假日经济扩大了内需，促进了消费，推动了经济的发展；其次，假日经济的出现，推动了服务业的发展，使就业机会增加；最后，在节假日商家之间的竞争，还能降低商品的价格。

下面就教你几招节假日购物省钱的小窍门：

1. 提前购物

在节假日来临之前，很多商家就会打出各种各样的促销、打折手段，如果你有在假日购物的打算，要尽早开始购物的比较，你可以通过对价格进行比较的办法，巧妙地提前消费。

2. 在购物时不要仓促做决定

很多人在消费时没有机会，总是当急需某样东西的时候，才匆匆忙忙去购买，导致经常用较高的价钱买了一件并不值得的商品，或者总是买到自己并不是很中意的那一种。

所以，为了避免在购物时有仓促的现象发生，最好在购物时制订一个计划，或者选择在每天早上不拥挤的时候购物。

3. 购物要有限度，不能太疯狂

很多人总是在购物时管不住自己，看见什么买什么，等到买回去就后悔，或者买的东西根本用不到。为了避免这种情况，可在购物之前设置一个现金财物的限度，当超过这个限度的时候就停止购物。

另外，当购买完自己需要的东西之后，不要在商场逗留，马上回家，只有这样，你才能抵制住商场的诱惑，避免自己买一些没用的东西。

4. 外出旅游早做打算

如果在节假日有旅游购物的打算，要尽早地进行旅行安排，让自己可以享受便宜的车票和打折的房间。另外，你在购物之前把要买的商品列一个目录，当运输费用有很大的改变时，可以通过订货单来得到较好的价格。

假日旅游省钱妙招

1. 巧妙利用时间差来省钱

如果你想在不浪费太多钱的基础上旅好游，就要懂得利用时间差。

绝大多数景点都有淡季和旺季之分。旅游旺季，外出的人较多，而且人们都喜欢到热点景区去，从而使得这些旅游景区的旅游资源和各类服务因供不应求而价格上涨，特别在节假日期间，价格更是涨得离谱。如果这时到这些地方去旅游，肯定会增加很多费用。

而淡季旅游时，不仅车好坐，而且由于游人少，在住宿上会有优惠，可以打折，高的可达 50% 以上，即使是五星级宾馆也会比平时便宜很多。在吃的问题上，饭店也有不同的优惠，比如，去青岛看海，冬天住在景色最宜人的八大关附近要比夏天便宜50%以上。所以，淡季旅游比旺季在费用上起码要少支出30%以上，而且，淡季旅游可以提前购票，还能购买返程票。航空公司为了揽客已作出提前预订机票可享受优惠的规定，且预订期越长，优惠越大。与此同时，也有购往返票的特殊优惠政策。在预订飞机票上如此，在预订火车、汽车票上也有优惠，如预订火车票，票买得早，可免去临时买票的各种手续费用。所以，旅游要尽量避开旺季，有意识地避开旅游热点地区的游客高峰期，到相对较冷特别是那些新开发的景区去旅游，就能省下不少经费。

2. 选对旅馆也能省钱

外出旅游是一项耗费心力的活动，因此，有个安静、舒适的住宿休息的环境很重要，住的旅馆的质量将影响旅游质量，也影响到费用的支出，但这并不意味着就要住星级宾馆。

所以，如何才能住得好、又住得便宜是很多人关心的问题。

首先，在出游之前要打听一下目的地，看看是否有熟人介绍或自己可入住的企事业单位的招待所和驻地办事处。如果有的话，这些条件较好的招待所和办事处便是不错的选择，因为大部分的企事业单位招待所和办事处都享有本单位的许多“福利”，且一般只限于接待与本单位有关的人。住在这种招待所和办事处里，价格便宜，安全性也好。当然在选择这些招待所和办事处时，也要根据位置决定，如果十分不便于出行则不可住。

如果找不到合适的招待所和办事处，就要选择比较合适的旅馆，在选择时，尽可能不要选择汽车、火车站旁边的旅馆，因为这种地方的大旅馆在价位上要贵很多，可选择一些交通较方便，处于不太繁华地域的旅馆，因为这些旅馆在价位上比火车站、汽车站旁边的旅馆要便宜得多，而且这些地段的旅馆还可打折、优惠。

总之，选择入住旅馆完全不必贪图星级，而应从实用、实惠出发，选择那些价格虽廉但条件也还可以且服务不错的招待所为宜。

3. 会玩也能减少不必要的支出

出门旅游，最重要的目的就是玩，但是这并不代表就可以完全无节制地玩，了解如何在玩上省钱也是大有必要的。

首先，在旅游时，要精心计划好玩的地方和所需时间，尽量把日期排满，因为在旅游区多待一天就多一天的费用。

其次，对自己旅游的景区要大概了解一下，最起码要知道这个景区最具特色的地方和必须要去的地方。在去观赏这些地方时，对一些景点也要筛选，重复建造的景观就不必去了，因为这些景点到处都有。

再次，一些游客逛旅游景区常常怕累，往往进园坐游览车、上山坐缆车、山上坐轿子……这种走马观花不走路的游览，虽然节省了体力，但要多花好多钱，而且也不利于旅游健身。

所以，在旅游时，尽量别坐缆车或索道，许多景点最好亲自走一遭，既省钱，又能体会到它的魅力所在。

另外，景点门票最好不要选择“通票”，现在不少旅游区都出售“通票”，这种一票通的门票虽然可以节约旅游售票时间，而且表面上比分别单个买旅游景点的门票所花的钱要便宜一些，但是，你不可能将一个旅游区的所有景点都玩遍。所以，如果你玩一个景点买一张单票，反倒能省些钱来。

最后，在旅游时，可以抽出一点时间，去看看城市的风土人情，这不仅不需要花钱买门票，而且可以长知识、陶冶性情。

4. 景区商品谨慎选择，不要花冤枉钱

传统的旅游观念中，去旅游总要买下当地的各种纪念品，

但旅游景区的物价一般都较高，结果导致“游”没花多少钱，却为购物花下一大笔。那么如何不花冤枉钱呢？

首先，在旅游中尽量少买东西，旅游区一般物价较高，而且买了东西还不便旅行，而且一些旅游区针对顾客流动性大的特点，出售的贵重物品时有假冒商品，而真正体现该地区人文、历史风情的物品，未必会在景区里出售。所以，在旅游时千万不要买贵重东西，如果买了这些贵重物品，一旦发现上当，也会因为路远而无法找回公道，只得自认倒霉。

所以，在旅游中尽量少买东西，但是到一地旅游也有必要购些物品，用来馈赠亲朋、留作纪念。这时可以选择购买一些本地产的且价格优于自己所在地的物品，这些物品价格便宜，又有特色。

另外，无论是购旅游纪念品还是购旅游中的食物、饮料，或是购买当地的土特产品和名牌产品，都不必在旅游景区买，可以专门花上一点时间跑跑市场，甚至可以逛夜市购买。

如此，既可买到价廉物美的商品，又能看到不同地方的“市景”。

此外，旅途中必备的物品，免得临时抱佛脚，买了质次价高的物件。

5. 多吃当地的特色小吃

旅游景点的饮食一般都比较贵，特别是在酒店点菜吃饭，价格更是不菲，而各个旅游点的地方风味小吃，反倒价廉物美。外出旅游，完全没必要进当地的高档饭店吃饭，若想在吃上省钱，就尽量多品尝当地的特色小吃，这些东西不仅是地地道道的本地味，而且经济实惠。比如山西的刀削面，虽然随处可见，可只有山西的风味最独特。选择当地的特色小吃，不但可以省下不少钱来，而且也可通过品尝风味小吃，领略各地不同风格的饮食文化。

6. 结伙出游

如果你想到西藏、青海、新疆等地去旅行，最好选择结伙出游的方式，几个人一起租车、吃住，不仅安全，而且划算。

另外，如果不是到特别远的地方去旅游，完全可以坐火车、乘汽车，不一定要选择坐价格较贵的飞机，这样不但可以一路上领略窗外风景，而且花费也要少得多。

就这样集体“抠门”

对商家来说，团购可以节省相关的营销开支，用低成本做大宣传，扩大市场占有率；而对个人来说，团购可以节省一笔不小的开支，又可以第一时间尝试到新鲜事物，更是求之不得。

团购作为一种新兴的电子商务模式，通过消费者自行组团、专业团购网站、商家组织团购等形式，提升用户与商家的议价能力，并极大程度地获得商品让利，引起消费者及业内厂商，甚至是资本市场关注。

某社区曾流行这样一句问候语：“今天，你团购了吗？”团购俨然成为该社区居民生活的主旋律，究竟团购热潮从何而来呢？

原来，全球金融危机，中国股市大幅跳水，直接影响百姓的经济生活。该社区的工作者在辖区走访中发现，居民们普遍反映的是现在收入减少了、投资亏损了等问题。

工作者们经过讨论，觉得团购是一个省钱的好办法，便促成了该社区的团购活动。最初，由社区出头联系食品供应商，以优惠价格团购鲜肉、排骨、熟食等商品，然后通知有购买意向的居民。居民们既买到了满意的商品，又节省了开支，对社区这一做法拍手叫好，并且，建议社区扩大团购商品的范围。在居民的强烈要求下，该社区又陆续组织了日用品等系列团购活动。社工们表示只要居民需要，社区将把团购继续下去。

我们在采购以下商品时可以采取团购的方式：

1. 买房团购很实惠

首先，根据个人情况选择合适的住房团购方式。住房团购的方式有很多，有单位或银行组织的团购，也有亲朋好友或网友们自发组织的团购。

其次，把握好住房团购与零售的差价。一般情况下，普通住宅房团购与零售的差价在200~380元/平方米，沿街商业房团购与零售的差价在500~1000元/平方米，并且团购中介机构要按团购与零售差价的10%~20%收取手续费。

最重要的是要警惕住房团购的“托儿”。有些房产团购网是房产公司的“托儿”，或干脆是房产公司自办的。

2. 团购买汽车，价低又实惠

在这里，我们还是要说一下，团购汽车需要注意的几个方面：

首先，合理选择汽车团购的渠道。汽车团购应当说是团购中最火的一种，不但专业汽车团购公司如雨后春笋般涌现，各大银行也已开始积极以车价优惠、贷款优惠、保险优惠等举措来开拓汽车团购市场；同时，各大汽车经销商也注重向大型企事业单位进行团购营销。对于想买车的人来说，在决定团购汽车之前只有先了解一下这一方面的行情，才能够选择到适合自己的团购渠道。

其次，要掌握寻找汽车团购中介的窍门。为了方便购车，当然是在当地或距离较近的城市参加团购比较合适。

3. 旅游项目也可以团购

如果想外出旅游，先联系身边的同事或亲朋好友，自行组团后再与旅行社谈价钱，可以获得一定幅度的优惠，境内游一般9人可以免1人的费用，境外游12人可以免1人费用，这样算就等于享受9折左右的优惠。同时，外出游最容易遇到“强制”购物、住宿用餐标准降低、无故耽误游客时间等问题，由于团购式的自行组团“人多势众”，这些问题都很容易解决，能更好地维护自身权益。

第三节　子女教育早动手

培养孩子理财习惯的具体步骤

美国著名的理财专家凯·雪莉提出了大人们在对孩子

们进行理财教育时所担负的义务：（孩子）在 4~10 岁时掌握理财的基本知识——消费、储蓄、给予，并进行尝试；10~20 岁时掌握并开始养成好习惯——消费、储蓄、给予、使用信用卡。

以下是培养孩子们理财习惯的几种具体步骤和方法：

1. 为孩子们建立个“小银行”

让孩子有储蓄意识的一个最好方法就是为孩子建立个“小银行”，使他拥有一张储蓄卡（可以以大人名字存入）。为孩子办了储蓄卡后要耐心地引导他把口袋里的零钱存进去，并告诉他要坚持下去，要为他的储蓄卡负责任，在没有必要花费时不要随便动用卡里的钱。为了使孩子坚持下去，你可以采取鼓励方式，如允许他把家长给的零花钱的 1/3 用于买零食等消费，其他则必须存入。孩子在有“甜头”的情况下会去储蓄的，长期坚持下去，储蓄意识将扎根在孩子脑中。

2. 鼓励孩子购买打折商品

应该让孩子知道，如果他们想得到他们想要的东西，必须多走几家商店，对价格进行比较，选择同质却价廉的商品购买；要有尽量购买打折商品的意识，而不能仅图潇洒去豪华商场购买。这样做是为了培养孩子的消费价值观。家长在培养孩子这一点上并不难做到。例如，可以在孩子自己选购礼物时要其尽量购买打折商品，并告诉其道理，如果他不这样做，他将不能买礼物。慢慢地，他就会有节俭购物的意识。

3. 树立孩子购物预算的意识

在给孩子零花钱的同时让孩子自己记一笔账，每个月他得到多少零花钱，买了些什么东西，这些东西价格多少。如果孩子能清楚地记账，大人应给予鼓励，如他不记账或随意购物，则应给予警告。

4. 让大孩子学习使用信用卡

如果孩子上高中了，允许他拥有一张信用卡，并教他合理使用，这样能很好地对孩子进行理财教育。因为在孩子使用信用卡时可以让他深刻地体会到乱花钱、乱超支将付出沉重代价——还钱并付高利息。这样，他会永远记得要使自己的钱与债务保持平衡。

用压岁钱打理孩子的理财观

当我们还是孩子的时候，还记得自己有多急切盼着过年吗？过年似乎是寒冷冬天里唯一的渴望。到了除夕岁末，不仅有好吃的、好玩的，还有零花钱。揣着一笔或多或少的压岁钱，我们的心中都在盘算如何实现自己的小计划了。可是好景并不长，年一过，父母就会用各种理由收缴了我们的压岁钱，最后我们的小计划还是落了空。那时候我们想，如果我们是父母的话，一定要让孩子自己拥有压岁钱。

而如今，让孩子“一切归公”吧，可能弄得孩子在本应高高兴兴、轻轻松松的节日里，少了快乐，多了压抑和烦恼。另外，对压岁钱实行收缴，似乎理由也不充分。可是让孩子将成百上千元的钱揣在怀里，安全问题且不说，若孩子胡花乱用，惹出事情来怎么办？何况钱来得既多又容易，养成了孩子小钱看不上、大钱赚不到、有钱就胡花的坏习惯，那孩子的一生也许就毁在这些不良习惯上了。

其实，只要做到节前沟通、事前安排，就可以引导孩子合理花销，利用这个机会培养孩子的理财意识。

春节前，父母可以与孩子坐下来，就压岁钱的问题进行一些讨论和沟通。需要沟通的事项主要有以下几种：

1. 压岁钱的来源与实质

在讨论和沟通中，父母们应抓住一个重点，即压岁钱是父母对他人的一种情感和经济负债。说白了，孩子收到的压岁钱，并不完全属于孩子的“私产”，而是家庭的共同财产，其原因在于收到的绝大多数压岁钱，父母是需要偿还的。在与孩子沟通时，父母应就压岁钱的来源与性质，逐一地与孩子做些讨论，使孩子清楚地知道，哪些压岁钱可以收，哪些压岁钱不能收，哪些压岁钱可以花，哪些压岁钱不可以花。

2. 建立报告制度

收到压岁钱时，孩子应当告知父母。对于爷爷、奶奶、外公、外婆给的压岁钱，父母在随时掌握孩子“私产”的基础上，可以适时进行一些花钱方面的引导；对于亲朋好友给的压岁钱，孩子需在父母在场并同意的情况下收取，这样孩子收到了谁的压岁钱，数额具体是多少，父母就可以心知肚明，胸中有本账，以便日后“礼尚往来”。

3. 确定保管方式

共同讨论确定压岁钱的保管方式，是父母与孩子必须讨论的话题。如果父母与孩子一道在外地过春节，那么，孩子收到的压岁钱可由父母代为保管。若孩子与父母在本地过春节，那么，孩子收到的压岁钱，可以先由孩子自己存入个人银行账户中并自行行使保管的职责。作为父母，同时应建议孩子，待到新学期开学前，再共同商量这些钱究竟该怎么花。

计划要小孩，家庭如何储备子女教育金

江女士今年32岁，没有小孩，计划明年要小孩。江女士和先生的年收入约为25万元，每年日常生活费用支出为6万元，每年旅游支出约6万元。江女士夫妇有50万元存款，活期和一年定期各占一半。有20万元的房贷。江女士本人有社保和20万元的健康险，年缴保费约3000元。江女士的先生保险比较齐全，每年约缴纳2万元保费。有股票现价值5万元。投资风险偏好基本上属于保守型。

从保险方面看，江女士的寿险保障基本足够，在养老保障方面略有不足。可以购买10万元保额的养老保险，年保费在万元左右。

在资金的保值增值方面，江女士可以用活期储蓄资金提前偿还住房贷款，节约几万元的利息支出。在提前还贷的前提下，江女士仍然有30万元的现金，这部分资金最好用于财富累积。除了预留5万元的应急基金外，可从定期存款中拿出10万元投资债券。

子女教育方面，按照目前江女士的生活品质和小孩的抚养成本，可以从现在每月的现金盈余中拿出1500元做小孩

的生产费用、儿童用品费用、自身营养补充等。具体操作上可以采用1年零存整取的方式，每月按时投入，期满后可自动转存。在小孩出生后，可以购买子女教育保险。

孩子上幼儿园，家庭如何储备子女教育金

陈女士，31岁，家庭主妇，丈夫35岁，某公司营销经理，月收入约15000元。每月家庭开支为3000元，儿子3岁，上幼儿园，计划在他15岁时送他到国外读高中。目前，家里有20万元存款，需要准备6年的学费及生活费，一年学费连同生活费大概26万元，6年总共要准备156万元。

首先，陈女士应该对家庭财务资料进行整理，列出资产负债表清楚了解自己的财务状况。如果自己有短期负债，则先不要作出投资决定，因为短期借贷一般意味着高利率，所以建议先将短期债项还清，再决定如何投资。

陈女士应该先扣除生活必需开支，余下的再安排用作教育基金及财富积累。子女教育基金属较长线的投资储蓄，选取的投资组合不宜太冒险，投资年期要考虑到子女升学年期。

因此，适合陈女士的理财计划是：用12年时间，准备156万元资金作为教育储备，陈女士需要根据所需的金额选

择合适的储蓄计划及投资产品。预计投资产品年均回报为8%，以3%为通胀率调整计算，陈女士每月需拨备8000元作为储蓄投资，才可达到预期基金目标。以陈女士目前的经济状况来看，应该不成问题。

在考虑好教育储蓄的同时，准备足够的应急资金来确保家庭日常开支也是家庭理财的一部分。应急资金一般为3~5个月的总开支，陈女士的每月家庭总开支为3000元，要准备的应急资金为1.5万元（3000元 ×5），在预留出1.5万元的应急资金后，陈女士可将剩余存款进行适当投资。

由于陈女士的丈夫是家庭的经济支柱，一旦发生意外，家庭会面临巨大的财务压力，为防不测，陈女士应该为丈夫购买一份人寿保险，给未来生活一份保障。

孩子上小学，家庭如何规划子女教育金

秦先生36岁，私企员工，月收入2000元，无保险；妻子月收入1500元，有保险。由于每月需要还房贷，现在只有1万元存款；家庭每月约剩余有限。秦先生的孩子今年10岁，两年后将上初中，将来还要考高中上大学。秦先生该如何规划好孩子的教育金呢？

对于秦先生而言，理财建议是：秦先生可以办理带有高额保障的纯消费意外险种，购买 10 万元的意外险，年投入 500 元左右即可获得。医疗保障方面，可购买 10 万元的大病医疗险，年投入 3500 元左右。

秦先生的孩子距上大学还有 8 年时间，预计 8 年后的 4 年大学费用为 12 万元。在这段时间可以采取长期投资和定期定额投资的方式积攒这笔教育金。

首先，将 1 万元现金中的 6000 元作为家庭的应急金，再将剩余的 4000 元为秦先生办理保险，其中 500 元用于意外险，3500 元用于健康险。

然后，从家庭的每月节余中的钱拿出 900 元定期定额投资于稳健的基金组合，如高折价率、运作较稳健的封闭基金，或者平衡型开放式基金，或者购买“基金中的基金”。按照 8% 的保守收益来计算，8 年后投资获得 12 万元左右。孩子就读国内大学绰绰有余。

最后，可将每月节余中剩下的钱，进行适当投资，为家庭养老积累资金。

孩子上初中，家庭如何规划子女教育金

汪先生今年 39 岁，某外企高管，妻子在某企业上班，两人年收入 100 万元左右。儿子 13 岁，初中一年级。汪先生夫妇准备让儿子到英国上大学，为此他们希望能够及早为儿子准备好教育金，攒足儿子到英国的教育费用。

家庭资产：拥有市场价值 200 万元的房产；购买了平衡型基金 30 万元；银行存款 50 万元；有一辆价值 10 万元的家庭轿车。

开支情况：汪先生每年家庭全部生活开销约 30 万元；儿子每年教育费用约 4 万元，汽车开支每年约 5 万元，旅游支出 5 万元，给双方父母每年 4 万元。汪先生夫妇二人无任何商业保险支出。

理财分析：汪先生的家庭处于家庭稳定期，收入稳定，具有较强的风险承受能力。因为具有较高的收入和较强的理财意识，他们已经基本完成了购房规划和购车规划，其主要理财目标是子女教育规划。

英国目前留学花费 3 年大约需要 60 万元，而且高等教育的学费年年上涨，上涨率普遍要高于通货膨胀率。这笔开

销属于阶段性高支出，应该提前筹备，否则届时将是一笔沉重的负担。

按一般的算法，汪先生儿子初中、高中及到英国留学的教育经费现值约为75万元。汪先生家的储蓄率较高，具有较好的资产结构，教育经费的积累基本可以通过目前的储蓄和今后的储蓄来完成。

理财规划：

1. 对教育金的规划

利用儿子到国外留学还有5年的时间，汪先生的教育基金的累积可放在平衡性基金的投资上，预计平均每年的回报为3%~5%。在不考虑教育费增长率的情况下，需要建立一只60万元的基金，5年后基金的价值才可达到70万元。

基金定投的方式积累教育基金也可以作为汪先生的选择。对汪先生家庭来说，通过基金定投方式，每月大概需要投资基金1万元，5年后也可以积累一笔价值70万元左右的教育基金。

2. 对保险的规划

子女教育金的准备缺乏时间弹性，5年后无论家庭情况如何，孩子的高等教育都不能耽误。为防止家庭意外变故而影响子女的高等教育，汪先生夫妇提高保险保障是十分必要的。

作为家庭的主要收入来源的汪先生，收入结构主要以薪金收入为主，为防范家庭收入中断的风险，首先要进行保险规划。汪先生因为经常出差，应该投保意外险，保额100万左右，以防万一发生意外，影响到家人的生活。

汪先生夫妇虽然还没有进入疾病高发期，但应该提早预防，提早准备，可以考虑购买重大疾病和住院医疗险，重疾险保额每人20万左右。

孩子上高中，家庭如何规划子女教育金

曾女士和先生共同经营一家服装店，先生负责进货，曾女士负责销售。由于两人的经营思路比较灵活，店铺的效益不错，每月纯利润在2万元左右。曾女士的女儿今年上高中一年级，可能受父母的影响，女儿学习成绩一般，但在做生意方面却表现出一定的天赋。尽管这样，曾女士还是希望女儿好好学习，考上大学，因为将来无论是找工作还是做生意，没有文化就没有竞争力。因此，曾女士的女儿两年后上大学的各种开支也提上了家庭的议事日程，同时还要考虑女儿大学毕业后的就业或创业基金。除了生意的投资以外，曾女士

没有其他的投资和理财项目。

对此，给曾女士的理财建议为：

1. 为女儿积攒教育基金

一般情况下，将盈利投入生意中，这种再投资的收益会高于普通投资方式。但生意毕竟是有风险的，如果在经营中遇到一些市场变化、经营失误等不可预见的意外，很可能会变成一穷二白甚至因资不抵债而破产。所以，曾女士应提前做好风险防范，定期从经营盈利中拿出一定的教育基金，专款专用，将这些资金投入开放式基金、人民币理财、正规的信托产品等理财渠道中,在尽量稳妥的前提下,实现保值增值。

2. 为女儿购买健康保险

曾女士可以为孩子购买一定的分红健康保险，这样，孩子受教育期间的重大疾病、住院医疗费等均有了保障，更好地保证女儿接受良好教育。

3. 为女儿积攒创业基金

孩子未来就业、创业的生存竞争越来越激烈，现在很多经济条件较好的父母开始提前为孩子准备创业基金。曾女士的女儿具有经商天赋，她可以和积攒教育基金一样，每年拿出一定的经营盈利，设立创业基金。如果将来女儿毕业后需要自己开店创业，这笔钱就是她的第一桶金。

第四节　善用“财商”，安度晚年

退休期投资理财规划

退休期应该算是个比较悠闲的时期，没有了上班的烦恼，不用受朝九晚五的时间束缚，个人花销相对也比较少，那么这段时间应该怎么理财呢？

老年人的风险承受能力随着收入的减少而降低，同时，健康因素会导致不断增加支出。想退休后维持原有生活水准，应及早进行养老规划。所以，老年人进行投资理财，首先要防范风险，然后再去追求收益。

1. 现金规划建议

随着年龄的增长，老人医疗费用的开支会逐步上升，每个家庭情况不同其基础费用应预留 2 万元左右的应急备用金。应急备用金可以考虑银行存款、货币市场基金或短期银行理财产品，以求取得比较高的资金变现性和近期收益，尤其是货币市场基金，“零认购费率”和“零赎回费率”能降低投资的成本，提供更多的短线收益空间及良好的流动性。

2. 风险管理建议

从控制风险的角度讲，老年人首先应考虑保险产品。但在保险业界，可供老年人选择的种类非常有限。国内保险公司一般都把投保年龄限制在 65 周岁以下，而重大疾病险则将年龄限制在 60 周岁以下。从目前市场上的老年险产品看，李教授可以考虑投保一种专为老年人设计的意外伤害保险；另外，还可考虑投保专业健康保险，中国人保有老年人长期护理保险，可避免日后的健康风险，保险费预算为 1 万元左右。

3. 投资规划建议

在进行了家庭应急备用金和保险覆盖后，建议李教授将剩余银行存款做多元化投资。其中 10 万元买稳定收益类产品，如考虑凭证式或电子式国债，或者 1 年以上的银行理财产品；剩余 60%~70% 的金融资产参与浮动收益的投资组合，其中 20% 左右即 10 万元配置于成长性资产，可以考虑选择中长期增值潜力较大的混合型或股票型基金。其余 29 万元配置于稳定性资产，其中以债券型基金、保本型基金为主。对于现有储蓄结余，在留足约 3 个月的紧急预备金后，也可以此比例整笔投资到股票型基金、债券型基金（或国债）和货币市场基金（或银行存款）中。同时，考虑儿子结婚后单独居住，也可进行换屋计划，即将目前的四室两厅的房子出售，购买两室一厅的房屋居住，并将结余部分的资金按上述比例进行投资。

从案例中，我们发现退休期间的理财也很重要，最好早规划、早准备。

不要忽视保险的重要性

保险是指投保人根据合同约定，向保险人支付保险费，保险人对于合同约定的可能发生的事故因其发生所造成的财产损失承担赔偿保险金责任，或者当被保险人死亡、伤残、疾病或者达到合同约定的年龄、期限时承担给付保险金责任的商业保险行为。

“天有不测风云，人有旦夕祸福。”意外和风险无处不在。所以，保险真的很重要。

很多人眼中的理财就是通过各种投资工具让自己的财富不断增长。

其实，这只是理财的一部分，要建构一个基础稳固的理财金字塔，至少需包含三个方面。最下面的是保本架构，中间一层是增长架构，最上面一层是节税架构。

要想更好地保障理财的效果，底层的保本结构就起着极为关键的作用。保本架构除了包括没有风险的投资组合，如定存、活存、保本基金等，另一个很重要的方面就是保险。

其实，我们的收入、开支等都是可以通过一定的方式掌握的，比如，你的学历和工作能力可能会在很大程度上决定你的月薪、年薪和价值，你的财产可能会让专业的理财师来帮助你进行规划。但是，意外和风险却是我们无法掌控的。

现在很多人都可能会因为不幸发生意外，轻则受伤，重则死亡。这些给家庭造成的经济和财务损失是非常大的。如果一个家庭没有保险理赔金，就可能面临因为缴不出房屋贷款，而被银行强制收回房屋的窘境；如果家长出意外，受害最大的还是孩子，他可能没办法和其他孩子一样，接受高等学校的教育，而且受到的关爱也会随着父母一方的不在而减少。

也许有的人会说：“我挣的钱连自己花的都不够用，哪有钱买保险？”其实，保险能够以明确的小投资，弥补不明确的大损失。从经济角度来说，保险是一种损失分摊方法，以多数单位和个人缴纳保费建立保险基金，使少数成员的损失由全体被保险人分担。从法律意义上说，保险是一种合同行为，即通过签订保险合同，明确双方当事人的权利与义务，被保险人以缴纳保费获取保险合同规定范围内的赔偿，保险人则有收受保费的权利和提供赔偿的义务，是承担给付保险金责任的商业保险行为。

保险金在遭遇病死残医的重大变故时，可以立即发挥周转金、急难救助金等活钱的功能，很多家庭发生意外后，在没有理赔金的情况下，就只能依靠社会救济或公益捐助来度过。

所以，我们应该把保险支出列为家庭最重要的一笔投资，不要忽视。只要每年缴纳的保费控制在合理的范围内，是占收入比例的一部分，那么保险支出对你的整体投资计划不会造成太大的负面影响，相反，却能够给你提供一层保障。

如果你从事的其他投资理财活动失败的话，那么因为保险的存在，家庭的各种投资理财计划才能持续下去。

保险种类繁多，保费支出的计算方式也不相同，怎样选择适合自己的保险成为很多人关注的问题。

1. 保险的选择方式

要从收入、业务性质、医疗需求、生涯规划等各方面进行考虑，比如，对于那些刚刚进入职场、薪资偏低的人，自由运用比例不高，而且没有家庭经济及房贷压力，因此投保重点宜先从低保费、高保障的保险商品着手。一般来说，可以用定期寿险搭配终身寿险来建构人生保障，再搭配意外险、医疗险及防癌险，就能先做好基础的保险规划了。至于投资型保单与养老保险可以暂缓考虑，等收入比较稳定时，再根据收入能力与个人的理财需求来增加。

此外，年轻人可以选择长期付费的方式。鉴于目前经济实力还不强，拥有同样的保障，期限越长，每年缴纳的保费相对越少，经济压力也越小。若期限较短，付费压力也会相应增大。所以购买分期付费的保险产品，选择 20 年及以上的付费方式较为适宜。

2. 要有适当的保费预算与保额需求

专家建议可以采取“双十策略”，也就是保费的支出要以年收入的 1/10 为原则，不要超出年收入的 1/10，否则会造成经济压力，甚至会陷入无力缴纳续期保费的困境。保额需求约为年收入的 10 倍，才算较为妥当的保障。

举个例子来说，如果你目前的平均月薪约为6000元，保额规划至少应为72万元，年缴保费6000元左右，才能拥有一定的保障。

如果从事的是危险性较高的工作，建议要将保额做适当提高，并且当职场工作环境调整或面临人生的重大计划时，比如，结婚、生子、购房时都有重大的财务支出，一定要咨询寿险顾问，至少每年检视保单一次，看看保险有无调整的必要。

3. 年轻人在购买保险时，应将意外险等保障型险种放在首选位置

意外险往往保费较低，大部分人都能承受，但保障又相对较高，可帮助年轻人更好地面对风险。

在险种选择上，建议按照先意外、健康险，后寿险、养老、投资保险的顺序，先选择意外险、健康险，在手头充裕的情况下，再选择寿险产品，随着年龄和收入的增长，逐渐建立起寿险、意外险、健康险共同构成的“金三角”。

尽早建立养老计划

如果你在二十多岁和三十多岁时攒下了相当大一笔钱，

那么在用钱方面就有了很大的回旋余地。等到子女教育开支比较大的时候，你就可以缩减养老金的储蓄，而且还可以用手中的现金再购置一所房子，也可以参加更奢华的旅游度假活动，或是对子女予以更高的支持，如送他们出国留学……如果你继续积极储蓄，在 50 多岁时就能退休了。

到底怎样的投资组合才能积累到足够保障的养老金呢？

理财专家建议，在年轻时就要着手解决养老问题。虽然每个人的计划和使用的工具都不一样。但养老计划准备都应该遵循两个原则：一是长期稳健的投资，二是合理分配组合。

比较适合用于养老计划的理财工具包括银行储蓄、国债（期限越长，利率风险越大）、信誉等级高的企业债、分红型养老保险、收益型股票（每年都有较为稳定的现金分红，目前国内股市还没有真正意义上的收益股票）、开放式基金（尽量选择稳健型的，风险较小）、价位适中的商品房、低风险的信托产品（信托的风险与收益率成正比）等。

复利是世界上最伟大的奇迹之一，由于复利的存在，每个人都有可能积聚起雄厚的养老基金。

我们可以计算一下，如果一个 30 岁的年轻人现在投入 10 万元，平均每年保持 10% 的收益率，此后不再追加投资，但所得利息全部投入。那么 10 年后，他将拥有 25.94 万元，再过 10 年，他的财富为 67.27 万元，到他 60 岁时，这笔钱将达到 174.49 万元，如果他还坚持 10 年，那么 70 岁时，最终拥有 453 万元。

我们不难看出，越到后来，财富增长越快。而如果他到 35 岁才开始理财，那么以上条件不变，同样到 70 岁，才有 281 万元。晚 5 年理财，最终收入相差却达 172 万元。所以，越早理财，越早为自己的养老做打算，就能越早实现自己的目标，积聚到足够的养老金。

老年人理财四原则

老年人理财，既不可能像年轻人那样冒险博弈，也不能抱着毫不在意的态度，以为能挣点就挣点，挣不到也不必太上心。实际上，对于老年人来说，稳健的投资策略比较符合实际。但是太过保守也谈不上是理财，因此，理财应当坚持以下四个原则：

1. 安全原则

对于老年人来说，钱财安全是理财的第一要领。先保本，再想着增值也不迟，毕竟那些钱都是多年积攒下的，是晚年的老本，所以在理财的原则中，安全第一。

2. 方便原则

理财时要考虑到取用时的方便。老年人容易生病，没准什么时候就需要用钱，所以为了取用方便，应当尽量在离家近的地方有一些活期存款，最好能有一张银行卡，可以供自己随时取用。

3. 增值原则

老年人基本上没有什么其他的收入来源，所以若是能在投资理财的同时，让资产有所增值，就是上策。老年朋友可以利用比较安全的定期存款和国债来进行投资，既能保证资金的增加，又能保证稳妥。

4. 适度消费原则

很多老年人因自己年轻的时候生活困苦，受到传统生活习惯的影响，从而十分节俭，除了攒钱，什么都不考虑。这样实际上并不好。老年人应当适度消费，积极改善自己的生活，尤其是投资自己的健康，提高生活质量。旧的观念并不能带给老人快乐幸福的晚年。既然有消费的条件，为什么还要让自己过得太艰苦?

至于投资项目，专家认为，老年人最好偏向考虑存款、国债、货币型基金、银行理财产品等低风险品种。倘若真的对股市投资十分感兴趣，且身体和经济条件都允许，也可做小额的尝试。

老年人勿入理财误区

两年前，洪老伯的一个亲戚来找洪老伯，想让他做个担保人。原来这个亲戚想开家服装店，可钱不够，想向银行贷款，于是让洪老伯做担保。洪老伯想，亲戚之间帮这点小忙算什么，就爽快地答应了。

后来，亲戚再没提这件事。洪老伯以为这钱早就还清了，也没放在心上。可是没想到，几天前，有几个银行的人来找洪老伯，催他还钱。洪老伯一下子就懵了，为什么要我还钱？

原来，那个亲戚由于经营不善，负债累累，根本就没还清钱，发现情况不妙时，自己就跑了。现在，银行只能找洪老伯要钱。洪老伯一开始哪想到过这些，看到银行来催钱，自己又不能不还，而那亲戚早就不知道躲到哪里去了，于是只好吃了哑巴亏，帮他还了。

这之后，洪老伯心里一直对这件事放不下，郁闷不已，每每提起还伤心万分。

由于老年人对于现代的理财知识知之甚少，又很容易相信别人，所以在理财的过程中，被欺骗的案例屡见不鲜，这就不可避免地要遭受经济上的损失。

针对这样的情况，我们提醒老年人，一定要小心理财误区！

1. 不轻信他人的理财建议

在自己投资理财的时候，若是有不懂或者不明白的地方不要轻易作出决定。你必须警惕有的骗子很可能串通一气，给你设下圈套，骗取你的钱财。比如，有的保险经理人就会向你推荐没什么用的保险，把产品说得天花乱坠，还以理财师的姿态来对你的投资指手画脚。

2. 勿贪高利

社会上，有一些不法分子宣传某些投资有高回报，用老年人投资的钱来集资。实际上，这很可能是非法集资。这些不法分子趁老年人疏忽大意之时就把钱席卷而走，使老年人丢了老本，后悔莫及。

3. 不涉足高风险投资

老年人身体一般都不太好，尤其是心脏承受能力比较差，并且老年人的反应相对比较迟缓，对于股市瞬息万变的情况无法及时作出决断，所以最好不要涉足高风险投资，一是未必能获益，二是以免情绪受到过度刺激，导致突发性疾病。老年人投资最好挑选一些保守的、稳妥的投资工具。

4. 消费不合理

老年人消费既不能给自己增加太大压力，如帮孩子买房（此时自己的经济来源基本上也没有了，不要再给自己加重负担），也不要太过节约，什么都舍不得吃，导致营养不良，容易生病。总之，适当消费，一切从稳。

老年人，相对于年轻人来说，接触的理财知识少，对理财中的种种误区、陷阱还不甚了解。若是知道自己对这些了解得不够透彻，最好在理财时采取谨慎措施，只对自己有把握的投资项目进行投资，只作自己能拿得准的决定。